新型农民现代农业技术与技能培训丛书

油菜植保员培训教材

编著者
张求东　荣秀兰
罗俊国　许艳云　魏先尧

金盾出版社

内 容 提 要

本书是“新型农民现代农业技术与技能培训丛书”的一个分册，由湖北省植物保护总站高级农艺师张求东等编著。内容包括：油菜植保员的岗位职责与素质要求，油菜病害、虫害防治的基础知识，油菜病虫害防治原理与方法，油菜病害种类及防治，油菜害虫的识别与防治，常见油菜害虫天敌，油菜田杂草及其防治，油菜病虫害的田间调查和综合防治。内容翔实，技术全面，图文并茂，实用性强。可供广大农村油菜植保员、基层农业技术人员、油菜栽培人员和相关院校师生阅读参考。

图书在版编目（CIP）数据

油菜植保员培训教材/张求东等编著.—北京：金盾出版社，2008.3

（新型农民现代农业技术与技能培训丛书）

ISBN 978-7-5082-4979-7

Ⅰ.油… Ⅱ.张… Ⅲ.油菜-植物保护-技术培训-教材 Ⅳ.S435.654

中国版本图书馆 CIP 数据核字(2008)第 002041 号

金盾出版社出版、总发行

北京太平路5号(地铁万寿路站往南)

邮政编码:100036 电话:68214039 83219215

传真:68276683 网址:www.jdcbs.cn

封面印刷:北京精美彩印有限公司

正文印刷:北京金盾印刷厂

装订:科达装订厂

各地新华书店经销

开本:850×1168 1/32 印张:6 字数:140千字

2008年3月第1版第1次印刷

印数:1—10000册 定价:10.00元

新型农民现代农业技术与技能培训丛书

序　言

中共中央国务院[2007]1号文件明确指出，加强“三农”工作，积极发展现代农业，扎实推进社会主义新农村建设，是全面落实科学发展观、构建社会主义和谐社会的必然要求，是加快社会主义现代化建设的重大任务。

我国农业人口众多，发展现代农业、建设社会主义新农村，是一项伟大而艰巨的综合工程，不仅需要深化农村综合改革、加快建立投入保障机制、加强农业基础建设、加大科技支撑力度、健全现代农业产业体系和农村市场体系，而且必须注重培养新型农民，造就建设现代农业的人才队伍。

胡锦涛总书记在党的十七大报告中进一步指出，要培育有文化、懂技术、会经营的新型农民，发挥亿万农民建设新农村的主体作用。

新型农民是一支数以亿计的现代农业劳动大军，这支队伍的建立和壮大，只靠学校培养是远远不够的，主要应通过对广大青壮年农民进行现代农业技术与技能的培训来实现。金盾出版社在对农业岗位培训进行广泛调研的基础上，与中国农业大学老科技工作者协会、华中农业大学老教授协会等单位共同策划，约请数百名农业专家、学者参加，组织编写了“新型农民现代农业技术与技能培训丛书”(以下简称“丛书”)。“丛书”坚持从现阶段我国青壮年农民的文化技术水平出发，突出现代农业技术与技能的传授，注重其先进性和实用性；“丛书”以教材形式编写，共有88个分册，涉及81个农业岗位，除水稻农艺工、蔬菜园艺工、蔬菜植保员、果树植保员分南方本和北方本外，其他均为一个岗位一本培训教材，以方便县(市)、乡(镇)、村组织新型农民培训和农业企业进行岗位培训时选用。“丛书”的组编和出版，还得到了河北农业大学、沈阳农业大学、西北农林科技大学、甘肃农业大学、北京农学院、山东畜牧兽医职业技术学院、大连民族学院、中国农业科学院茶叶研究所、中国农业科学院油料研究所、中国农业科学院郑州果树研究所、中国农业科学院特产研究所、中国农业科学院桑蚕研究所、中国养蜂学会、内蒙古自治区农牧科学院、甘肃省蔬菜研究所、山东省果树研究所、广西壮族自治区柑桔研究所、山西省畜牧兽医研究所等单位部分专家、教授的支持和参与，并列入劳动和社会保障部《全国职业培训与技能鉴定用书目录》，进行推荐，使我们深感欣慰，在此表示衷心感谢。我们希望和相信，通过“丛书”的出版发行，能为新型农民队伍的发展壮大贡献一份力量，也能为现代农业技术与技能培训积累一些可供借鉴的经验。

“丛书”编写时间有限，各分册存在不足或错漏在所难免，恳请同仁和各使用单位批评指正。

编 委 会

2008 年 1 月

目　录

第一章　油菜植保员的岗位职责与素质要求

植物保护是预防和控制农作物病虫草鼠和其他有害生物，是一项农业减灾、抗灾的社会性工作。它不仅直接影响农业生产，危及国家粮食安全，而且影响人民生活秩序、人身健康和生态环境。在我国，植保工作一直备受重视，特别是在农产品出口面临的技术壁垒日益严峻的情况下，植保工作变得更加的规范和严格，实行农作物植保员从业职业资格认证就是其中的重要一环。在山东省，出口企业开始推行"绿卡计划"，所有"绿卡"企业必须有 2 人以上植保员已是硬性规定。为了规范此项工作的开展，2004 年劳动保障部与农业部联合颁布了农作物植保员的职业标准，对职业概况、基本要求和工作要求进行了明确的规定。

一、油菜植保员的岗位职责

（一）农作物植保员的职业设定

按照"职业标准"，农作物植保员是指从事预防和控制有害生物对农作物及其产品的危害、保护生产人员的安全，工作环境在常温下的室内和室外。工作主要包括：对农作物病虫草鼠害等进行测报防治，植物检疫，合理安全用药，防止和减少病毒对环境的污染等。本职业共设 5 个等级，分别为：初级（国家职业资格五级）、中级（国家职业资格四级）、高级（国家职业资格三级）、技师（国家职业资格二级）、高级技师（国家职业资格一级）。

（二）油菜植保员的岗位职责

油菜植保员是农作物植保员中专门从事防治油菜病虫害的人员。在油菜的生产管理过程中，油菜植保员的工作职责是：①开展油菜病虫草害及天敌调查，记录调查数据；②分析调查数据，确定病虫害发生趋势；③根据不同病虫害的发生情况，制订科学的防治方案；④在田间，科学地实施农业、生物、物理、化学等防治措施；⑤安全使用和保管化学农药；⑥对农用废弃物进行科学处理，避免对环境的污染；⑦科学使用和保养喷雾器等植保器具；⑧可根据防治要求开展其他工作。

二、油菜植保员的素质

思想道德作为社会意识，是依赖社会存在并随之变化的。社会主义市场经济体制的建立，农村的经济结构、利益关系、生活习惯都发生了深刻的变化，随之农民的思维方式、价值观念、道德准则、行为规范等也发生了深刻的变化。

现代农民应具有高度的思想政治素质，应具备良好的职业道德素质和一定的专业技能，以及科学文化素质，应具有较强的适应能力和强健的体魄。只有这样，他们才能成为农村经济体制改革的主力军，才能成为农业生产经营管理的新型农村人才。

"有文化、懂技术、会经营"。"有文化"，要求农民具备良好的文化素质，具有先进的思想观念、良好的道德风尚和科学健康的生活方式，并要知法守法、崇尚科学、勤劳致富。"懂技术"，要求农民具有较高的科技素质，至少要熟练掌握一至多项从事农业和农村生产的技能和技巧，实现科学种田、养殖或从事其他生产活动。"会经营"，要求农民应具有一定的经营管理素质，能够合理组织配置家庭的人力、财力、物力以及土地等资源，组织生产和参与市场经营活动，获得经济效益。

（一）思想素质

1. 爱岗敬业，忠于职守　首先，要热爱本职工作。热爱自己的工作岗位，树立职业荣誉感，感受自己所从事的职业是高尚的；忠于职守就是忠于人民的事业，以崇高的使命感和责任感恪守职责，兢兢业业做好本职工作。农业是国民经济的基础，植保员对保证农作物优质高产具有重要的作用。只有当植保员清楚地认识到自己所从事的职业的社会价值，忠实、自觉地履行职业责任，尽心尽力地做好植物保护工作，将自己的身心和情感融入到植保工作之中时，才能够体验到工作的乐趣，发挥出自己的聪明才智。其次，要树立强烈的职业责任感。职业责任感是植保员应承担的社会义务，也是做好本职工作的基础。植保员在农业生产第一线，从事病虫害防治工作非常辛苦，应具有奉献精神，这是植保员必须具备的一种特殊的道德品质。

2. 认真负责，实事求是　认真负责是指植保员在从事测报、防治等工作时要认真负责，一丝不苟；实事求是是指对调查研究中获得的各种数据和有关研究本职业务的专业知识、技术研究、实际操作等的资料要实事求是，不弄虚作假。

3. 勤奋好学，精益求精　勤奋好学是指深入研究本职业务专业技术知识和实际操作技能；精益求精是指对自己的业务水平的追求是无止境的，也就是说要精通业务。一方面，农作物病虫草鼠害的种类多，分布广，适应性强，诊断、测报及防治工作均较复杂；另一方面，植保科学发展迅速，新的科学技术不断运用到生产实践之中。因此，植保员不仅要具备较高的科学文化水平、丰富的生产实践经验，而且要不断地学习充实自己，刻苦钻研新技术，提高业务能力，才能做好本职工作，在农业生产中发挥更大的作用。

4. 热情服务，遵纪守法　热情服务就是树立良好的服务意识，言谈、体态大方得体，对人谦虚谨慎。遵纪守法，即要依法办事，增强法纪意识，比照国家的规章制度办事，严格遵守植保员守则。

5. 规范操作，注意安全 规范操作就是要求植保员操作技术要规范，结果要准确可靠。注意安全，就是在操作过程中要严格操作规程，注意人、畜、作物及天敌的安全，做到经济、安全、有效，把病虫等有害生物控制在一定的经济允许水平以下，从而提高农作物的产量和质量。

（二）职业技能素质

对植保员职业素质的要求，依照职业等级来确定。职业等级越高，对职业技能素质的要求就越高。

1. 专业知识 主要包括植物保护基础知识、作物病虫草鼠害调查与测报基础知识、有害生物综合防治知识、农药及药械应用基础知识、植物检疫基础知识、作物栽培基础知识、农业技术推广知识和计算机应用知识等。

2. 安全知识 主要包括安全使用农药知识、安全用电知识和安全使用农机具知识。

3. 法律知识 主要包括农业法、农业技术推广法、种子法、植物新品种保护条例、产品质量法、经济合同法和有关植物保护方面的相关法律法规。

（三）相关法规

农作物的植物保护工作的全程与农产品质量息息相关。同时在预防和控制病虫草鼠及其他有害生物对农作物生长危害的过程中，经常接触农药等有毒化学物品。所以，世界各国特别是发达国家政府，都对由此而带来的对人、畜的危害及环境保护、安全生产等问题十分重视，制定了相应的法律法规来规范其活动。我国政府从国情出发,相继制定、修改和完善了多项法律法规来指导人们在此领域各方面的行为和生产活动,取得了很大成效,对推进农业生产的发展和提高产品质量起到了非常积极的作用。

熟知和掌握农业相关法律法规是构建农业植保员素质的重要内容,一切植保人员必须学习这些法律法规,并认真实行。

农作物植保员要熟知和掌握的主要法律法规有《植物检疫条例》及实施细则、《农药管理条例》及实施细则、《中华人民共和国农业法》、《中华人民共和国种子法》、《中华人民共和国植物新品种保护条例》、《中华人民共和国产品质量法》、《中华人民共和国经济合同法》。

思考题

1. 油菜植保员的岗位是如何设立的？其职责有哪些？
2. 油菜植保员应具备哪些素质？
3. 植保员的职业技能素质包括哪些内容？

第二章　油菜病害防治的基础知识

一、油菜病害的概念及病害症状

(一) 何谓油菜病害

在油菜栽培中,由于受不良环境条件的影响,或者遭受寄生物的侵染,使油菜正常的生长发育过程受到干扰破坏,生理功能和组织结构异常,最后油菜外部表现出病态,这就叫油菜病害。油菜的病害与瞬间发生的伤害,如冰雹伤、虫伤、风害以及其他的机械伤不同。病害有一个病理变化并逐渐加深的过程,而瞬间发生的伤害则没有病理变化的过程。

(二) 油菜病害的症状

油菜感病后,外表表现出不正常的状态称为症状。症状又可分为病状和病征2类:油菜自身表现出的异常称为病状,在发病部位长出的繁殖体及营养结构称为病征。有的病害既有病状,也有病征,如油菜菌核病。真菌和细菌引起的病害病状、病征都较明显,而病毒病害、非侵染性病害则只有病状而无病征。症状是田间诊断病害的重要依据。

1. 油菜病害的病状类型

(1)变色　油菜感病后部分组织或全株失去正常绿色,称为变色。油菜上常见的变色有花叶及红叶、黄化等。如油菜病毒病、油菜萎缩不实病及一些缺素症等。

(2)坏死　油菜感病后植物组织局部受到破坏而死亡,并可在叶、茎、花薹、果等部位形成圆形、椭圆形、梭形、多角形或条形等斑点。病斑的边缘有的明显、有的不明显，病斑的颜色有褐色、黑色、白色等。如油菜黑斑病、油菜白斑病等。

(3)腐烂　油菜细胞组织发生较大面积的破坏和分解，称为腐烂。常见的有含水分较多的湿腐和软腐，幼苗的根或茎基腐烂，出现立枯或猝倒病状。如油菜软腐病、猝倒病、根腐病(立枯病)等。

(4)萎蔫　由于土壤含水量过低或油菜的茎或根部的维管束受到病原物的破坏，使油菜供水不足而引起的凋萎，称为萎蔫。萎蔫可导致植株死亡。如油菜黑腐病。

(5)畸形　油菜感病后，可引起植物细胞组织增生(或抑制)而成为畸形。油菜上常见的有根部肿瘤及花茎部肿大呈“龙头”状等。如油菜根肿病、油菜根瘿黑粉病的根部肿瘤和油菜霜霉病、油菜白锈病的“龙头”症状等。

2. 油菜病害的病征类型

(1)霉状物　病部产生霉层。颜色有白色、黑色。如油菜霜霉病的白色霉状物、油菜黑斑病的黑色霉状物。

(2)粉状物　病部产生粉状层。颜色有白色和黑色。如油菜白粉病、油菜根瘿黑粉病。

(3)锈状物　病部产生小疱状突起，破裂后散出白色粉状物。如油菜白锈病。

(4)粒状物　病部产生形状、大小不等的粒状物。如油菜菌核病。

(5)脓状物　病部在潮湿情况下，产生露珠状的菌脓。如油菜细菌性黑斑病。

二、油菜侵染性病害的病原物及病害的发生

常见的侵染油菜的病原物有以下几类。

(一) 病原真菌

1. 真菌的营养体 大部分真菌的营养体都是丝状体。单根丝状体称为菌丝,许多菌丝交织成团称为菌丝体。菌丝通常为管状,无色或有色。菌丝可无限生长,一小段菌丝可生长发育成新的菌丝体。低等真菌的菌丝一般没有隔膜,里面是多核的;高等真菌菌丝有许多隔膜,是多细胞的(图 2-1)。少数真菌营养体是无细胞壁、形状可变的原质团,如油菜根肿病菌。

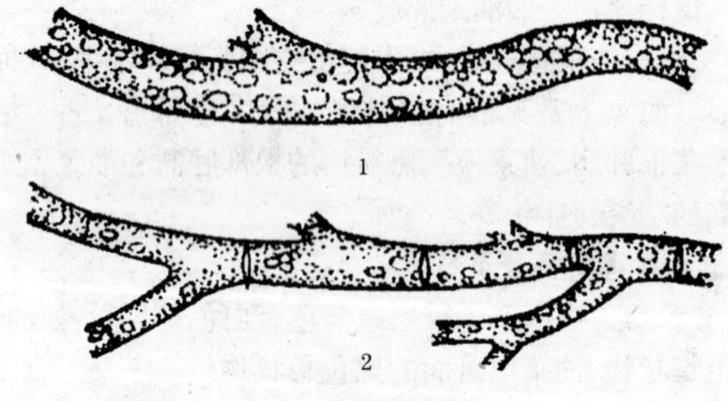

图 2-1 真菌的菌丝

1. 无隔菌丝 2. 有隔菌丝

真菌以菌丝在植物细胞间或穿过细胞生长蔓延,由于菌丝的渗透压高于植物细胞的渗透压,植物细胞中的营养物质才可以进入菌丝体内,供菌丝体生长发育。一些在植物细胞间寄生的真菌,特别是一些活体寄生真菌,可以形成吸收营养的特殊结构,称为吸器。吸器的形状不一,如油菜白粉菌吸器为掌状,油菜霜霉病菌的吸器为丝状,油菜白锈病菌的吸器为小球状(图 2-2)。有些真菌的菌丝体可以形成一种与原来形态和功能都不相同的变态结构。寄生油菜的真菌菌丝体变态较常见的有菌核,菌核是由菌丝紧密交织而成的休眠体,其表层细胞的细胞壁很厚,对高温、低温和干燥的抵抗力都很强;菌核的大小、形状不一,有的如菜籽,有的如鼠粪或不规则形，成熟菌核为黑色或褐色。条件适宜时，菌核萌发产生菌丝体或形成产生孢子的机构，如油菜菌核病菌的菌核萌发后产生子囊盘，子囊盘再产生子囊孢子。

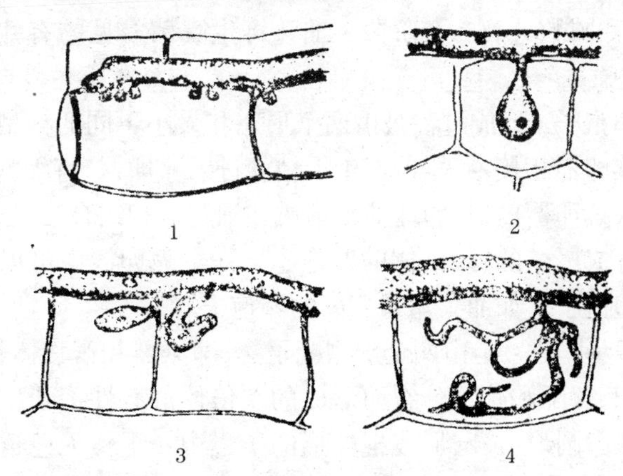

图 2-2 真菌的吸器

1. 白锈菌 2. 白粉菌 3. 锈菌 4. 霜霉菌

2. 真菌的繁殖体 真菌经过营养阶段的生长发育，就开始进行繁殖。真菌有无性繁殖和有性生殖 2 种方式。

(1)无性繁殖 无性繁殖是真菌不经过性器官(或性细胞)结合，直接从菌丝或从有分化的产孢机构产生孢子，进行繁殖的一种方式，这种方式产生的孢子称为无性孢子。侵染油菜的真菌常见的无性孢子有以下类型。

①游动孢子：这种孢子产生在游动孢了囊内。游动孢子囊是从菌丝上或孢囊梗上产生，其形态多样，成熟后破裂，释放出游动孢子。游动孢子有 1～2 根鞭毛，无细胞壁，在水中能游动。

②分生孢子：产生在与菌丝有明显区别的分牛孢子梗上，顶生、侧生或串生，种类很多，形态多样，大小和色泽均不相同。分生孢子成熟后从分生孢子梗上脱落。

有些真菌的分生孢子梗和分生孢子可以着生在近球形有孔口

或外观呈盘状的结构内,前者叫分生孢子器,后者叫分生孢子盘。

(2)有性生殖　有性生殖是真菌通过性细胞或性器官(雌雄配子囊)结合后产生有性孢子进行繁殖的方式。繁殖过程可分为质配、核配和减数分裂3个阶段。油菜寄生真菌常见的有性孢子有以下几种。

①卵孢子:形成过程是由两个形态和大小不同的异型配子囊雄器与藏卵器相接触,雄器产生授精管进入藏卵器,将细胞质和细胞核输入藏卵器内,与卵球的细胞质和细胞核相结合,最后受精的卵球发育成厚壁的、双倍体的卵孢子。一个藏卵器中可以产生一至几个卵孢子。如油菜霜霉病菌的卵孢子。

②子囊孢子:是由两个异型配子囊,即雄器和产囊体相结合,经过质配、核配和减数分裂而形成的单倍体的有性孢子。子囊孢子着生在卵圆形、长圆形或棍棒形的子囊内。子囊无色透明。一般每个子囊有8个子囊孢子,少数为2个或4个的。多数子囊菌产生具有包被的子囊果。子囊果球形、无孔口的称闭囊壳,如油菜白粉病菌的闭囊壳;子囊果近球形、有真正壳壁和固定孔口的称为子囊壳。由子座消解形成的、形态类似子囊壳的子囊果称为子囊腔,子囊果为盘状的称为子囊盘。如油菜菌核病菌的子囊盘。

③担孢子:大部分担子菌没有特殊分化的性器官。通常是由"+"、"-"菌丝细胞结合进行质配形成双核菌丝,以后双核菌丝的顶端形成棒状的担子,担子内的双核经过核配和减数分裂,形成4个单倍体的细胞核,最后,在担子顶端形成4个外生担孢子。如油菜立枯丝核菌的有性担孢子。

3. 真菌的生活史　是指真菌从一种孢子开始,经过萌发、生长和繁殖,最后又产生同一种孢子的过程。真菌的生活史一般包括无性和有性两个阶段。真菌典型的生活史是:真菌的营养生长到一定时期,开始进行无性繁殖,产生无性孢子。在生长季节中,真菌可以多次产生大量的无性孢子,对植物进行多次再侵染。

在寄主生长后期或病菌侵染后期，真菌开始进行有性生殖，一般真菌只产生一次有性孢子。有性孢子萌发又形成菌丝体，进行营养生长，然后再产生无性孢子(图 2-3)。

4. 真菌的主要类群　真菌的分类，学术界意见不一。目前多采用安斯沃思(1971，1973)的分类系统。这个系统将真菌界分为 2 个门，即营养体为变形体或原质团的黏菌门和营养体主要是菌丝体的真菌门(有争议的根肿菌暂归在真菌门中)。真菌门又分为鞭毛菌亚门、接合菌亚门、子囊菌亚门、担子菌亚门和半知菌亚门等 5 个亚门。除接合菌亚门的真菌绝大多数是腐生菌外，其余 4 个亚门中的一些真菌都引起油菜病害。

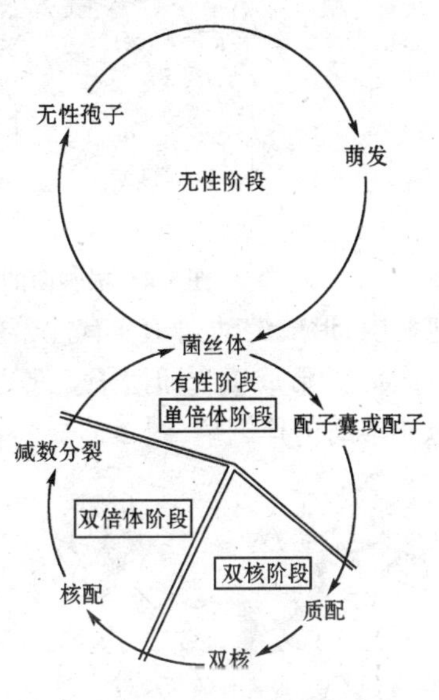

图 2-3　真菌的生活史

(1)鞭毛菌亚门　本亚门真菌有一部分可危害油菜。病菌的营养体少数为原质团，多数是无隔的多核菌丝体。无性繁殖形成 1 根或 2 根鞭毛的游动孢子，有性生殖形成卵孢子。这类真菌适应比较潮湿的环境和含水量高的土壤。其中与油菜病害关系较密切的鞭毛菌有以下几种。

①根肿菌：营养体是多核的无细胞壁的原质团。原质团发育到一定时期，形成休眠孢子，休眠孢子在寄主细胞内分散成鱼卵状。休眠孢子对环境适应性强，萌发产生游动孢子。可引起油菜根肿病(图 2-4)。

②腐霉菌：无性繁殖产生孢子囊。孢子囊球形、柠檬形或裂瓣状，着生在菌丝的顶端，萌发时产生泡囊。原生质经排孢管进入

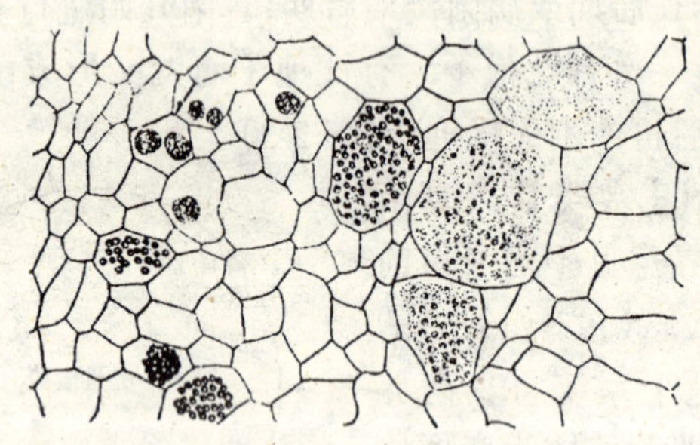

图 2-4 根肿菌的变形体和休眠孢子

泡囊内，形成游动孢子。有性繁殖产生卵孢子，每个藏卵器内只有1个卵球，形成1个卵孢子。腐霉菌多生长在潮湿的土壤中，可引起油菜幼苗猝倒病(图 2-5)。

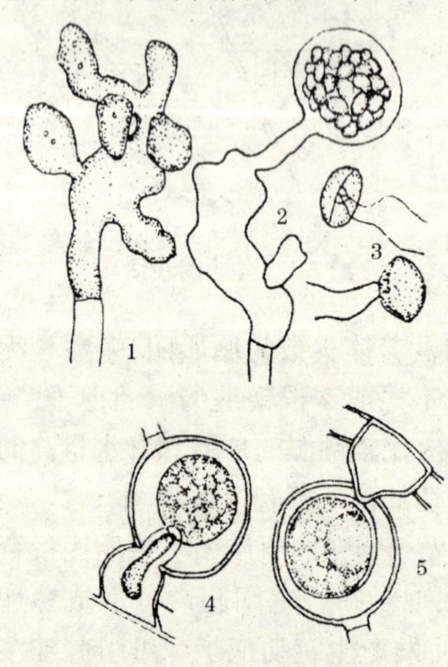

图 2-5 腐 霉 菌

1. 孢子囊 2. 泡囊
3. 游动孢子 4. 交配 5. 卵孢子

③霜霉菌：无性繁殖产生孢囊梗和孢子囊。孢囊梗分枝的形状不同，是区分不同类型霜霉菌的依据。孢子囊卵圆形，成熟时脱落，萌发时产生游动孢子或直接产生芽管（如油菜的寄生霜霉菌）。有性繁殖产生卵孢子，1个藏卵器内只产生1个卵孢子。霜霉菌都是陆生的，并且是专性寄生菌。可引起油菜霜霉病(图 2-6)。

④白锈菌：无性繁殖产生孢囊梗和孢子囊。孢囊梗短棍棒状，在植物表皮下排列成栅栏状，孢囊梗上着生成串的孢子囊。有性繁殖产生卵孢子。

可引起油菜的白锈病(图 2-7)。

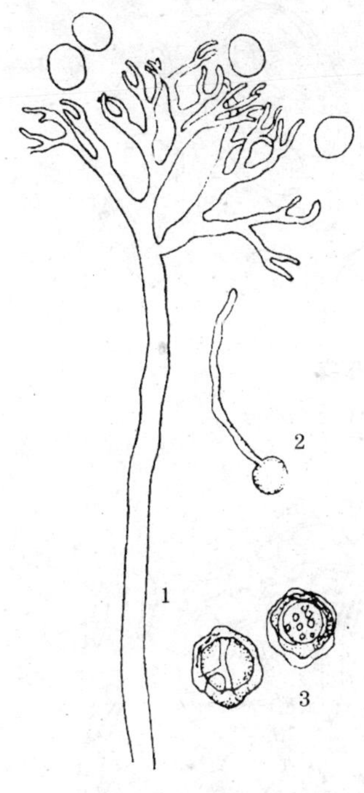

图 2-6　霜霉菌

1. 孢囊梗　2. 芽管　3. 卵孢子

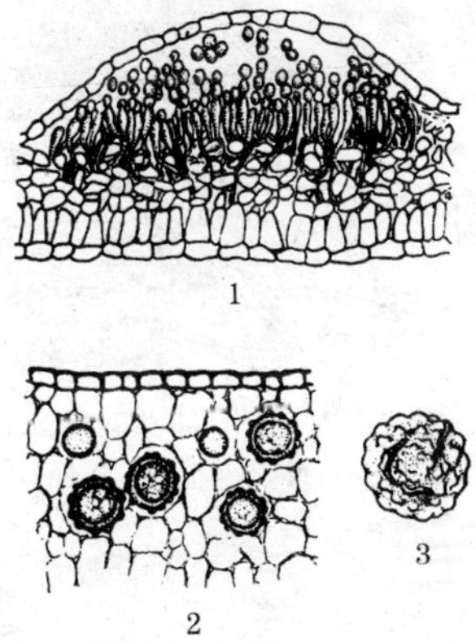

图 2-7　白锈菌

1. 孢子囊和孢囊梗　2. 卵孢子
3. 卵孢子瘤状突起

(2)子囊菌亚门　大部分子囊菌营养体为有隔菌丝体。无性繁殖产生不同类型的分生孢子。有性繁殖产生子囊孢子。油菜上寄生的子囊菌,子囊可着生在闭囊壳和子囊腔内或着生在子囊盘上。子囊菌都是陆生的。与油菜有关的子囊菌有以下几类。

①核菌和腔菌:核菌包括子囊着生在闭囊壳、子囊壳内的病菌。腔菌子囊着生在由菌丝组成的子座溶解的子囊腔内。核菌中只有白粉菌产生无孔口的闭囊壳,子囊着生在闭囊壳内的基部,子囊壁不消解。引起油菜白粉病。其余核菌的子囊果均为子囊壳,子囊壳有孔口。危害油菜的腔菌可引起油菜黑胫病等(图 2-8,图 2-9)。

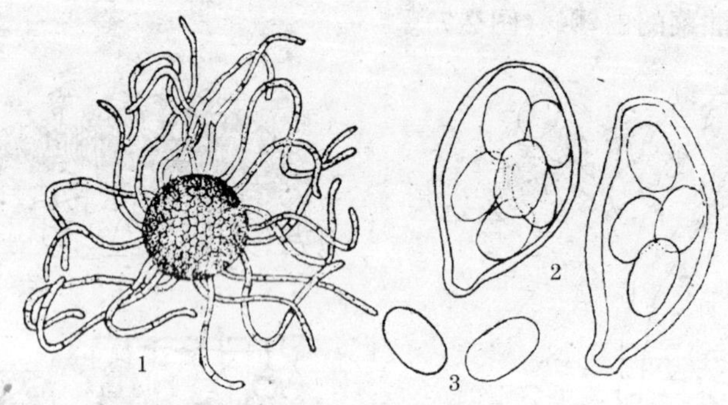

图 2-8　白 粉 菌

1. 闭囊壳　2. 子囊　3. 子囊孢子

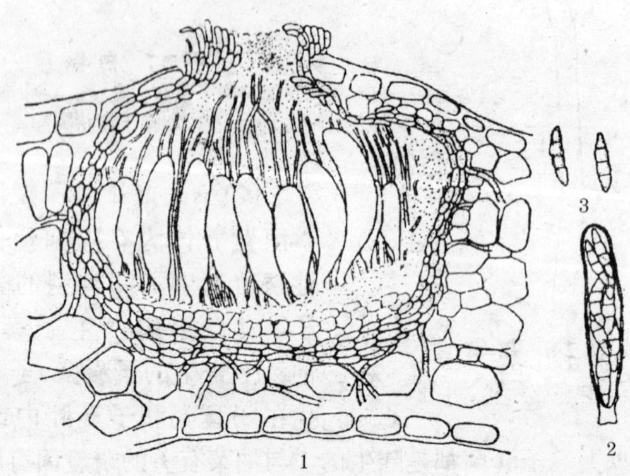

图 2-9　腔　菌

1. 子囊腔　2. 子囊　3. 子囊孢子

②盘菌类：子囊着生在子囊盘内。如侵染油菜的核盘菌的菌核萌发时产生子囊盘，子囊盘呈盘状，有长柄；子囊平行排列在子囊盘表面，子囊间有侧丝，子囊棍棒状，内有 8 个排成 1 列的子囊孢子。引起油菜菌核病(图 2-10)。

(3)担子菌亚门　担子菌有初生和次生 2 种菌丝体。初生菌

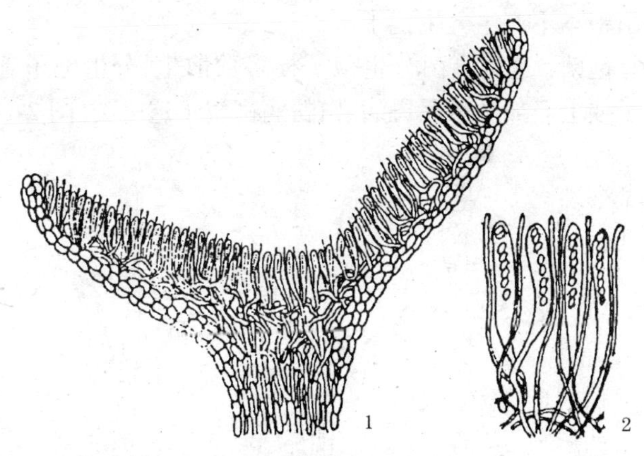

图 2-10　盘　菌

1. 子囊盘　2. 子囊、子囊孢子和侧丝

丝是单核的。但大多数担子菌初生菌丝阶段不明显，次生双核菌丝体很发达。多数担子菌不产生无性孢子。有性生殖形成担子和担孢子。一些高等担子菌的担子和担孢子着生在担子果（如食用菌）内。低等担子菌，如黑粉菌，不产生担子果。双核菌丝在植物组织的细胞间寄生，菌丝生长后期在组织内形成冬孢子。冬孢子萌发产生担子和担孢子。在油菜上，担子菌的瓜亡革菌可侵染油菜幼苗，引起根腐病（立枯病）。黑粉菌中的条黑粉菌引起油菜根瘿黑粉病。

（4）半知菌亚门　半知菌的菌丝体有隔，分枝繁茂。这类真菌没有有性阶段或没有发现其有性阶段，只有无性阶段产生的各种类型的分生孢了。一旦发现有性阶段，多归属于子囊菌，只有少数是担子菌。不同的半知菌的分生孢子和分生孢子梗的形态相差很大。分生孢子梗散生或聚生，分生孢子顶生或侧生，单细胞或多细胞，无色或有色。有的分生孢子直接着生在寄主表面的分生孢子梗上，有的着生在由菌丝组成的球状、瓶状或不规则形有孔口的分生孢子器内，有的着生在由菌丝组成的盘状结构分生孢子盘上，有的半知菌根本不产生分生孢子。

①丝孢菌：这类真菌分生孢子梗多数散生，分生孢子着生在分生孢子梗上。如油菜黑斑病、白粉病都属于这一类(图 2-11)。

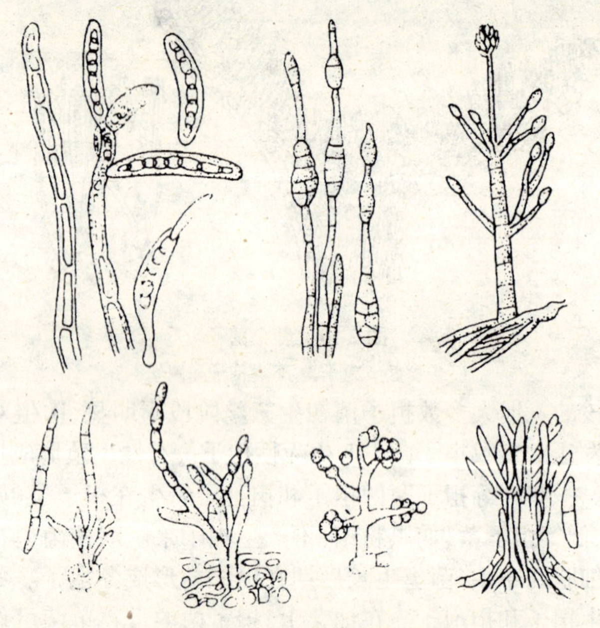

图 2-11 丝孢菌的各种分生孢子梗和分生孢子

②黑盘孢菌：分生孢子梗和分生孢子着生在分生孢子盘上。如油菜炭疽病(图 2-12)。

③球壳孢菌：分生孢子梗和分生孢子着生在分生孢子器内。如油菜黑胫病无性时期的分生孢子器(图 2-13)。

④无孢菌：不产生分生孢子，菌丝可交织形成菌核。菌核褐色或黑色，形状不规则。如油菜根腐病(立枯病)(图 2-14)。

(二) 病原细菌

1. 植物病原细菌的一般性状 植物病原细菌是一类有细胞

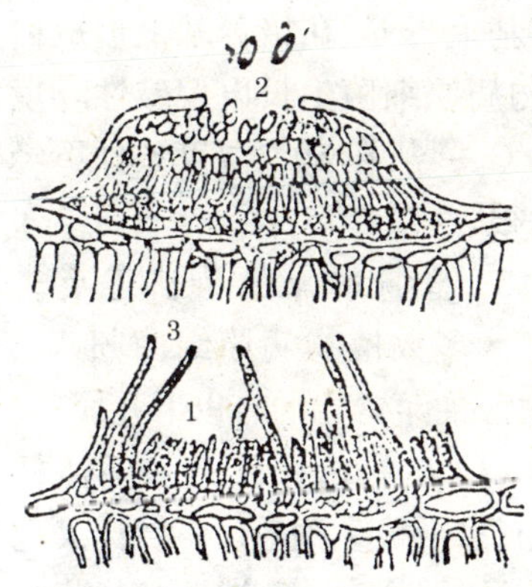

图 2-12　黑盘孢菌分生孢子盘

1. 分生孢子梗　2. 分生孢子　3. 刚毛

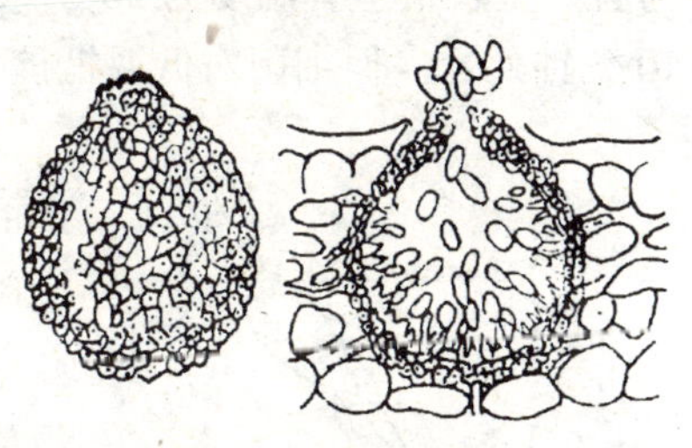

图 2-13　球壳孢菌分生孢子器及其纵剖面

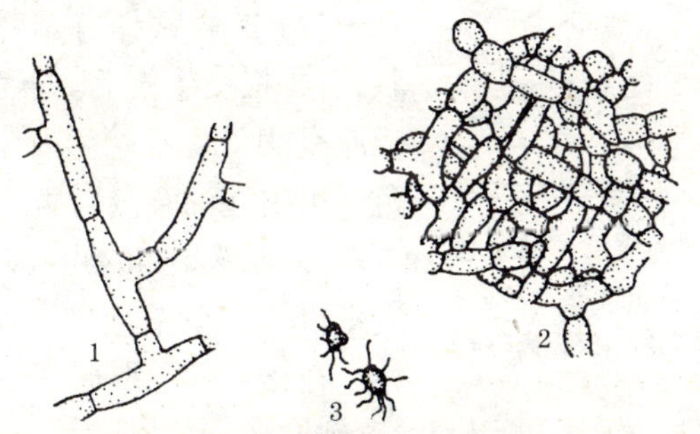

图 2-14　无 孢 菌

1. 菌丝　2. 菌组织　3. 菌核

壁但无固定细胞核的原核生物。病原细菌均为杆状。菌体大小一般为 1～3 微米×0.5～1 微米，以菌体一分为二的裂殖方式进行繁殖。在适宜条件下，20 分钟就可以分裂 1 次。大多数植物病原细菌都有鞭毛，一端或两端生出的鞭毛称为极鞭，鞭毛在菌体四周称周鞭。鞭毛是细菌分类的依据之一。大多数植物病原细菌革兰氏染色反应呈阴性，少数阳性。

植物病原细菌可以在人工培养基上培养，在培养基上形成白色、黄色或灰色的菌落。大多数植物病原细菌生长以偏碱性环境为宜。生长最适宜温度为26℃～30℃，一般在50℃温度条件下经10分钟死亡。但细菌对低温抵抗力很强(图2-15)。

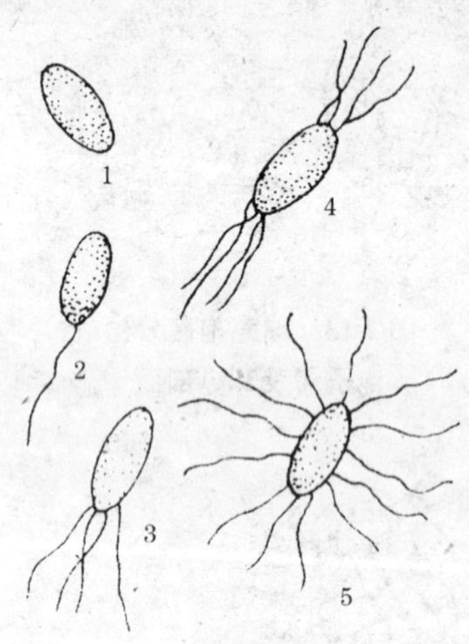

图2-15 植物病原细菌的形态

1. 无鞭毛 2. 单极鞭毛 3. 单极丛鞭毛 4. 双极丛鞭毛 5. 周鞭毛

2. 植物病原细菌的主要类群 大多数植物病原细菌归入5个属。油菜常见的有以下几属。

(1)假单胞杆菌属 菌体杆状，有多根极生鞭毛。革兰氏染色反应呈阴性。在培养基上菌落灰白色或白色。可引起油菜细菌性黑斑病。

(2)黄单胞杆菌属 菌体杆状，有1根极生鞭毛。革兰氏染色反应呈阴性。在培养基上菌落黄色。可引起油菜黑腐病。

(3)欧氏杆菌属 菌体杆状，周生鞭毛。革兰氏染色反应呈阴性。在培养基上形成白色菌落，常引起作物腐烂或萎蔫。可引起油菜软腐病。

(三) 植物病毒

1. 植物病毒的形态和结构 从本质上讲，植物病毒是一类非细胞形态的生物，只有在电子显微镜下才能看到。它的粒体有球形、杆状及线状(图2-16)。病毒的结构为粒体，内部是核酸，核酸有核糖核酸(RNA)和去氧核糖核酸2种。绝大部分植物病毒的核酸是核糖核酸，外面包围着蛋白质外壳。

2. 植物病毒对外界环境影响的稳定性 植物病毒离开寄生

后对外界环境条件的影响有一定的稳定性，这种特性可作为鉴别不同病毒的依据之一。这种特性包括 3 个方面的测定(需专业人员测定)。

(1)钝化温度(失毒温度)　将病株汁液榨出，在不同温度下处理 10 分钟，使病毒失去传染力的最低温度。

(2)稀释终点　将榨出的病株汁液加水稀释至其失去侵染力的稀释点，称为稀释终点。

(3)体外保毒期　将榨出的病株汁液放在 20℃～22℃的室温下，能保持其侵染力的最长时间。

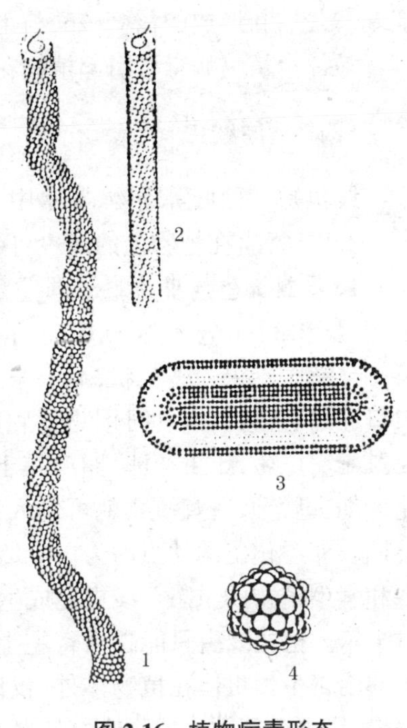

图 2-16　植物病毒形态

1. 线状　2. 杆状　3. 短杆状　4. 球状

3. 植物病毒的侵入　植物病毒可以通过病株汁液与健株表面的机械伤口(微伤)摩擦接触传染。例如在田间，病毒可以通过暴风雨、牲畜的行走造成病健组织的相互擦伤而传染。也可以通过农事操作者手、衣服及工具沾染病毒同时造成植物的伤口，而传播病毒。昆虫也是传播病毒的重要媒介。例如，花叶型症状的病毒，主要由蚜虫传播。

4. 植物病毒的增殖　与真菌、细菌的发育、繁殖方式不同，病毒粒体进入细胞后，主要是干扰和破坏植物的生理和代谢途径。其增殖方式是：首先病毒核糖核酸和蛋白质分开，再由核糖核酸形成相对应的“负模板”，由负模版不断复制新的病毒核糖核酸。新的病毒核糖核酸链可以诱集各种氨基酸并组成肽链，形成蛋白质亚基。最后新形成的核糖核酸与蛋白质衣壳在细胞中组装成新的病毒粒体。植物病毒可引起植物花叶畸形、坏死等病状。

(四)病原线虫

线虫是一种低等动物,在水中、土壤中及动物和人体内都有分布。其中,寄生在植物上的线虫可引起植物的线虫病。

1. 植物寄生线虫的形态和生物学特性　植物寄生线虫个体很小,长0.3~1毫米,宽0.015~0.035毫米。多数雌雄同形,少数雌雄异形。雄虫为蠕虫状,雌虫梨形或柠檬形(图2-17)。植物线虫口腔内有吻针,取食时用吻针刺进植物体内吸取汁液。大多数在雌雄交尾后,雌虫产卵,卵产在土中或植物体内,在土中的卵孵化为幼虫后,遇适宜植物就可侵入危害。线虫的幼虫一般有4个龄期。卵孵化出的幼虫即为二龄幼虫,二龄幼虫抗逆性强,常是越冬和侵染植物的虫态。线虫完成生活史短的数日、数星期,长的需时1年。植物线虫只能在活寄主上取食。寄生方式有的外寄生,有的内寄生。虫体在植物体外,仅以吻针刺入植物吸食的称为外寄生;线虫全部钻进植物体内吸食汁液的,称为内寄生。一些外寄生的线虫,经过一定时间也可以进入植物体内吸食。

2. 植物线虫的致病作用　主要是通过线虫分泌酶和毒素致病。线虫吸收植物的营养和在植物组织中穿行造成的损伤,也可引起植物病变。植物线虫病的主要症状是:植株生长不良,如矮小、衰弱、色泽不正常、局部畸形以及根部肿大等。在油菜上,我国尚未发现线虫危害的报道,但在国外已有这方面的报道。

(五)寄生性种子植物

寄生性种子植物有半寄生和全寄生植物两类。寄生油菜的种子植物是全寄生种子植物。全寄生种子植物无足够的叶绿素,因此,有机营养、水分及无机盐都必须从植物中吸取供其生长发育。

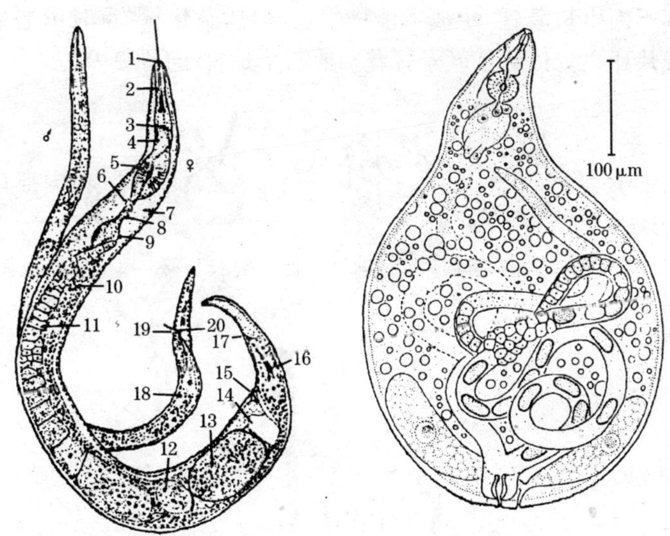

图 2-17　植物病原线虫——线形雌虫和雄虫(左)、梨形雌虫(右)

1. 头顶、唇区　2. 吻针(口针)　3. 背食道腺开口处　4. 食道前体部　5. 中食道球　6. 神经环　7. 排泄孔　8. 峡部　9. 后食道球　10. 肠　11. 卵巢　12. 受精囊　13. 成熟的卵　14. 子宫　15. 阴道孔(阴门)　16. 侧尾腺　17. 肛门　18. 精巢及精子细胞　19. 交合刺　20. 引带

全寄生种子植物常见的有菟丝子和列当。

菟丝子没有根,叶中无叶绿素,叶退化成鳞片状。茎很细、丝状,黄色。当菟丝子缠绕被寄生的植物后,在接触处长出吸盘,侵入植物体内。菟丝子花很小,白色至黄色。果为球状蒴果,扁圆形,有种子 2~4 枚。种子很小,卵圆形,稍扁,黄褐色至黑褐色,表面粗糙。

菟丝子的生活史是:种子成熟后落入土中,或夹杂在作物种子中,或混入肥料中。翌年作物种子播种后,菟丝子也在土中萌发,出土后长出旋转的丝状幼茎缠绕到植物上,长出吸盘侵入植物,吸收营养。这时,菟丝子下部的茎逐渐萎缩并与土壤分离,缠绕植物的茎不断生长蔓延，使被害植物生长不良、黄化，严重时可造成作物成片死亡。以后菟丝子开花、结果，形成种子(图 2-18)。

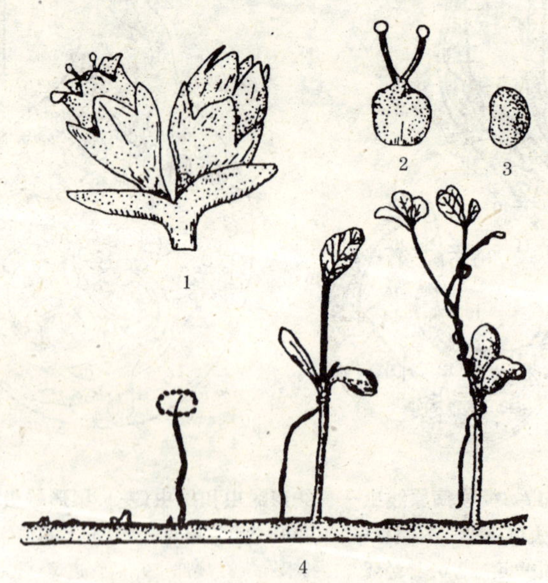

图 2-18　大豆菟丝子

1. 花　2. 雌蕊　3. 种子　4. 种子萌发和侵害方式

(六) 病原物的侵染过程

病原物侵染植物，要经过接触、侵入、潜育、发病 4 个阶段，这个过程称为侵染过程(病程)。

1. 接触期　病原物侵染植物，必须先接触植物，才有可能侵入。病原物的休眠结构或繁殖体(如真菌的孢子、细菌的菌体、病毒的粒子等)可以借风雨、昆虫传播到植物上。在这个时期，避免与减少病原物与寄主的接触，是预防病害发生的重要手段之一。

2. 侵入期　是指病原物侵入寄主体内与寄主建立寄生关系的一段时间。病原物进入植物体内通常有 3 种方式。

(1)直接侵入　是病原物直接突破植物的表皮侵入体内。例如,真菌孢子萌发后形成芽管,芽管与植物表面接触处膨大,形成附着器,附着器产生侵入丝,侵入丝可以穿透表皮的角质层侵入植物体内。寄生性种子植物和线虫也可以从健全的植物表皮侵入。

(2)自然孔口侵入　自然孔口有气孔、水孔、皮孔和蜜腺等,以气孔侵入最为重要。许多真菌、细菌都可以从气孔侵入,它们也可以从其他自然孔口侵入。而病毒则不能从自然孔口侵入。

(3)伤口侵入　寄生性较弱的真菌和一些细菌可以从伤口侵入,病毒只能从微伤口侵入。病原物侵染植物要求一定的环境条件。湿度是主要条件,细菌需要植物表面有水滴和水膜,绝大多数真菌的孢子萌发要求高湿度。温度则影响病原物的萌发和侵入速度,在适温范围内,病原物侵入植物体内的几率就高。

3. 潜育期　是指病原物侵入与寄主建立寄生关系以后,到开始出现症状的一段时期。这一时期是病原物在寄主体内吸收营养、生长蔓延的时期,也是寄主对病原物进行不同程度的抵抗的时期。一类病原物只从活体寄主组织体内吸收养分和水分,不会很快引起寄主细胞死亡,像白粉菌、霜霉菌,这类病原物属于专性寄生物。另一类病原物先分泌酶或毒素,杀死寄主细胞和组织,从死亡的细胞中吸收营养,这类病原物属于非专性寄生物。由于病原物在植物体内吸收营养,杀死植物细胞、组织,最后导致植物外表出现症状,也就是潜育期的结束。

病原物侵入植物后,只局限在侵染点附近扩展,称为局部侵染。侵染性病害多数属于局部侵染病害。病原物从侵入点可扩展至植物组织的其他部位或全株,则称为系统侵染。

潜育期的长短除决定于病害种类外,温度对潜育期的影响最大。温度对该病害越适宜,潜育期越短;反之,潜育期越长。

4. 发病期　是从植物初显症状到病害进一步发展的时期。例如,斑点病可从小斑点扩大,真菌病在病部产生孢子,细菌病在病部产生菌脓等。温、湿度对发病影响很大。绝大多数真菌(白粉菌例外)在高湿度才能产生孢子,湿度增加孢子量也增加;温度也影响病斑扩大和孢子的形成。

(七)植物病害的病害循环

病害循环是指侵染性病害从前一个生长季节开始发病、到下一个生长季节再度延续发病的过程。

1. 病原物的越冬和越夏 是指病原物如何渡过休眠期,而成为下一个生长季节病原物的来源。病原物在何处越冬、越夏,与下一个生长季节病害的初侵染来源非常密切。所以,为减少下一个生长季节病原物的数量,消灭越冬和越夏的病原物有重要意义。病原物的越冬越夏场所有以下几种。

(1)种子 病原物可以混杂在种子中,侵入种子内部或黏附在种子表面。如油菜菌核病菌的菌核、油菜菟丝子的种子可以混杂在油菜的种子中。油菜细菌性黑斑病、油菜黑腐病都可以在种子表面或种子内部带菌。

(2)田间病株 病原物可以在田间的作物上和杂草上越夏或越冬。例如,感染油菜的芜菁花叶病毒,当冬油菜快收获时,在油菜上取食的蚜虫可以把病毒传播到夏季白菜、萝卜等十字花科蔬菜上,也可传播到杂草上。如在车前、荠菜上越夏,秋季再由蚜虫把病毒传播到油菜上。

(3)病株残体 绝大部分非专性寄生的真菌和细菌,都可以在病株残体中存活。残体中病原物存活的时间主要决定于残体腐烂的速度,当残体完全分解腐烂后,病原物则死亡和消失。如油菜黑斑病、油菜炭疽病的病菌都可以在病残体上越夏或越冬。

(4)土壤 许多病原物可以在土壤中越夏、越冬。例如,油菜菌核病菌的菌核在油菜收获时可以掉落到土中,油菜菟丝子种子成熟时也可以落入土中。有些病原物,先在病残体内存活,残体腐烂后,再散落土壤中。如油菜根肿病菌的休眠孢子囊即是在土壤中渡过休眠期。

(5)粪肥 在多数情况下,是以病株残体制作肥料而使病原物混入粪肥中;少数是用带病的病株残体喂牲畜,牲畜排出的粪便中带菌。如果粪肥未高温发酵、充分腐熟而施到田间,病原物就可成为病害的初次侵染来源。

2. 病原物的传播 经过越夏越冬的病原物,必须传播到寄主植物上才能进行初次侵染。初侵染发病后,病部的病菌向周围扩散也必须经过病原物的传播。病原物的传播方式有以下几种。

(1)气流传播 气流传播对真菌是重要的传播方式。真菌一般产生的孢子,数量多、重量轻且很小,易随气流传播,且传播距离一般比较远。

(2)雨水传播 病原细菌及产生分生孢子盘和分生孢子器的真菌,都必须有雨水才能传播。如油菜细菌性黑斑病病斑表面的细菌菌脓、油菜炭疽病的分生孢子盘和油菜黑胫病菌的分生孢子器内的分生孢子,都有胶质黏结,必须有雨水把胶质溶解,使其分散,然后才能随水飞溅或随流水传播。雨水还可将土壤的病原物传播到近地面的植物组织上。雨水传播的距离一般比较近。

(3)昆虫传播 昆虫传播与病毒关系最密切,与细菌也有一定关系,与真菌关系较小。昆虫传播病毒主要通过昆虫的口器在病株上吸食,然后再转移到健株上。昆虫传播的病毒有的是非持久性的,有的是持久性的。昆虫吸毒后,可立即传毒,但短时间即丧失传毒能力的称为非持久性病毒。蚜虫传播的病毒大部分属于这种类型,如油菜芜菁花叶病毒。持久性病毒则是昆虫吸毒后,在昆虫体内要经过一定的潜伏期才能传毒。但昆虫一旦有传毒力,就能终身传毒。持久性传毒昆虫大多数是叶蝉,少数是蚜虫。

(4)人为传播 短距离的传播可以通过人在田间的农事操作及机械操作传播病原物,远距离传播则可通过种子、种苗的调运及人们的商业活动传播。

3. 初次侵染和再次侵染　病原物越夏或越冬以后，在寄主植物的生长期第一次侵染称为初次侵染。病原物侵入植物体，经过扩展蔓延、发病，在植物体表产生繁殖体，这些繁殖体经过传播，又感染植物，称为再次侵染。再次侵染次数的多少与潜育期长短有关，潜育期越短，再次侵染次数可能就越多。而环境条件，尤其是温、湿度会影响潜育期的长短。温、湿度越适宜，病害的潜育期越短，再次侵染的次数就越多。也有少数病害只有初次侵染，无再次侵染。

（八）病原物的寄生性、致病性和植物的抗病性

1. 病原物的寄生性　是指病原物从寄生的植物上获取养分的能力。被寄生的植物称为寄主。寄生物一般分为专性寄生物和非专性寄生物。专性寄生物一般只能从活的寄主细胞活组织中吸收养分，寄主组织死亡后，病原物也停止生长，甚至死亡。如油菜霜霉病菌、油菜白粉病菌、油菜病毒病的病毒等。非专性寄生物既能寄生也能腐生，其寄生能力有强有弱，寄生力较强的黑粉菌，如油菜根瘿黑粉菌，必须在植物上完成生活史。有的非专性寄生物以腐生为主，但在适宜条件下，也可以侵染植物，从植物上获取营养。如侵染油菜的腐霉菌、丝核菌等。病原物能侵染的植物种有的多有的少，称为病原物的寄主范围。寄主范围广的，可以侵染不同科的植物；范围窄的，其程度也有不同，有的病菌只能侵染不同属、种的植物，有的甚至只能侵染作物的某些品种。

2. 病原物的致病性　是指病原物对寄主植物的破坏和毒害作用。专性寄生物从寄主植物吸收营养，虽不立即引起寄主细胞组织死亡，但影响寄主的生长发育；非专性寄生物能分泌酶或毒素等代谢产物破坏植物的细胞和组织，引起病害。因此，病原物的寄生性和致病性既有关联，又是两个不同的概念。

3. 植物的抗病性 植物抗病性的反应可分为免疫、抗病、耐病、感病和避病。植物完全不受病原物的感染称为免疫;病原物可以侵染植物,但植物发病不很严重,称为抗病;病原物侵入植物后,植物发病严重称为感病;病原物侵入植物后,植物虽然发病,但由于植物的较强的补偿能力对产量的影响不大称为耐病;植物本身并不具备抗病能力,而是在植物易受感染的时期逃避了病原物侵染的高峰期称为避病,例如调节植物的播种期避开病原物侵染的高峰期就是一种避病措施。

植物的抗病性并不是固定不变的,当病原物的致病性的强弱发生变化,或环境条件的影响或植物自身的变异都可以引起抗病性的变化。

三、油菜的生理性(非侵染性)病害

油菜的生理性病害也称非侵染性(或非传染性)病害,它是由不适宜的环境条件引起的,生理性病害不能互相传染。油菜可能出现的生理性病害有缺素症、低温冻害和农药药害等。

(一) 油菜缺素症

1. 缺 氮

(1)症状 植株生长瘦小,分枝少,终花期早,角果稀少,种子千粒重轻,根系细长。叶片生长慢,叶小,下部叶片先从叶片边缘开始褪绿变黄,逐步向叶片中部发展,最后全叶呈现淡红带黄色,严重时叶片枯死。

(2)病因 主要有土壤氮含量不足、多雨地区氮素易流失、土壤干旱或积水影响氮素的吸收等因素。

(3)防治方法 每667平方米(1亩)追施尿素7~8千克,或碳酸氢铵15~20千克。追肥时如遇天旱要浇水。还可以用1%~

2%尿素液叶面喷雾，或用叶面肥400～600倍液喷洒叶面，或每667平方米用人粪尿250～350千克对水稀释后浇施油菜植株。

2. 缺　磷

(1)症状　植株矮小，茎细，根系发育差，侧根少，植株分枝少。开花和成熟期延迟。叶片小，叶厚，上部叶片深绿色、暗绿色或灰绿色，中部和下部叶片紫红色。

(2)病因　土壤有效磷含量不足，尤其是南方红土和黄土易缺磷。如土壤偏施氮肥也易导致缺磷。在旱季和干旱地区土壤水分含量低，有效磷素不易扩散，影响磷素的吸收也易造成缺磷。

(3)防治方法　每667平方米施过磷酸钙20～30千克，施后及时灌水。或叶面喷施0.3%磷酸二氢钾水溶液2～3次。酸性土壤适量施石灰可改善磷的吸收。

3. 缺　钾

(1)症状　植株瘦小。茎细而柔弱，有的茎干表面有褐色条斑，易折断倒伏。角果短小。叶片小且不平整，有时叶片卷曲，叶肉似烧焦状，下部叶片从叶尖和叶缘褪绿，叶面上先出现小斑点或局部白色干枯组织，严重时可致全叶枯死。

(2)病因　土壤速效钾含量低。与其他营养元素不平衡，如偏施氮肥易导致缺钾。土壤过干或过湿影响钾素的吸收。

(3)防治方法　每667平方米追施氯化钾或硫酸钾6～10千克或草木灰100千克，也可叶面喷施0.4%～0.5%磷酸二氢钾。搞好田间防旱、防涝。

4. 缺　硫

(1)症状　植株生长不良，茎干细。开花、结荚延迟。花及果荚颜色浅，空角果多。植株叶片初为淡绿色，幼叶色泽较老叶浅，以后叶面上逐渐出现紫红色斑块，叶缘上卷。

(2)病因　土壤中缺少硫酸根离子的肥料。

(3)防治方法　结合中耕每667平方米追施硫酸钾3～4千克

或石膏粉10千克,也可每667平方米撒施硫黄粉1~2千克。

5. 缺　镁

(1)症状　植株大小正常,但开花受抑制,花瓣颜色苍白。苗期子叶背面及边缘首先出现紫红色斑块,中后期下部叶片褪绿,由淡绿色变为黄绿色,但叶脉仍为绿色。

(2)病因　土壤含镁量低。偏施钾肥或氮肥会影响油菜对镁的吸收,碱性土壤或早春气温低也会影响油菜对镁的吸收。

(3)防治方法　叶面喷施0.1%~0.2%硫酸镁溶液2~3次。

6. 缺　锰

(1)症状　植株生长弱,黄绿色,开花数目少。叶片最初出现褪绿斑点,以后除叶脉为绿色外,全叶变黄。

(2)病因　黏重的碱性土壤易缺锰。

(3)防治方法　叶面喷施0.1%~0.2%硫酸锰溶液1~2次,或每667平方米追施硫酸锰3~5千克。

7. 缺　锌

(1)症状　植株矮小,生长势弱。叶片小且厚,叶片褪绿,严重时全叶变为白色。

(2)病因　在碱性土壤中有效锌含量低,易缺锌。土壤施磷肥过多或土壤中有效磷含量高都易缺锌。

(3)防治方法　叶面喷施0.3%~0.4%硫酸锌溶液,或每667平方米追施硫酸锌3~4千克。

8. 缺硼(油菜萎缩不实病)

(1)症状　最明显的症状是“花而不实”。重病油菜苗期即死亡。发病较轻的油菜多在花期表现症状,病株叶片变小、增厚、发脆,叶片通常从中部开始变色,逐渐向上下部发展。先从叶缘开始变为紫红色,后向内发展使叶片变成蓝紫色,并逐渐变黄,提早脱落。根系发育不良,侧根和细根少,有的根颈部肿大,表面有裂纹。花序顶部花蕾褪绿萎缩或脱落。有的角果不能正常发育,比较短,不能形成正常种子,或虽能形成正常种子,但间隔结实。后期有的病株矮小,主花序和分枝花序明显缩短,中上部分枝的二、三、四次分枝丛生。角果不结实或绝大多数不能结实。而有的病株主花序显著增长,植株增高,株形松散,有部分角果能结实,但种子少。还有的病株株高正常,角果多数能结实或部分能结实。

(2)病因及发病规律　油菜萎缩不实病是由土壤缺硼而引起的生理病害。缺硼与土壤类型、土壤酸碱度有关,南方的红壤、黄棕色土和北方的黄土及东北的草甸土、白浆土等都是低硼土壤。这些土壤如有效硼低于 0.5 毫克/千克油菜就会出现缺硼症状。土壤酸碱度也影响土壤有效硼的含量,酸性至微酸性(pH 4.7～6.7)土壤有效硼含量最高,碱性土壤一般易出现缺硼症状。但是如果酸性土过多施用石灰,会降低土壤有效硼的含量,导致油菜缺硼。长期干旱增强了土壤对硼的固定作用,同时也会降低土壤有机硼化合物的释出,降低土壤有效硼的含量,也易造成缺硼。偏施氮肥、不配施硼肥及酸性土施过多的石灰,使油菜体内钙、硼比率失调均可以引起缺硼症的发生。品种和播种期、移栽期也影响病害的发生。甘蓝型油菜比白菜型油菜发病重,甘蓝型晚熟品种比早、中熟品种发病重,一般播种移栽较晚的比早播早栽的发病重。

(3)防治方法　①喷施硼肥。在移栽前 1～2 天苗床用 0.4% 硼砂液喷施幼苗。在大田,油菜缓苗后,可每 667 平方米用硼砂 50～100 克对水 50 升叶面喷雾。花期如发现缺硼症,每 667 平方米可用硼砂 100 克对水 100 升,进行根外喷施。②加强栽培管理。如增施有机肥,采用配方施用氮、磷、钾肥。严重缺硼田可在每 667 平方米地施用的基肥中加 250～500 克的硼砂,然后撒施或穴施。适时早播,适时移栽,促进根系的发育。搞好抗旱排渍,促进土壤有机硼的转化,释放出有效硼,便于油菜吸收。酸性土壤避免过多施用石灰,以防止有效硼被固定及油菜体内钙、硼比例失调。

（二）油菜低温冻害

1. 症状及病因　油菜冻害包括根拔冻害和叶、薹、茎的冻害。

①根拔冻害及根颈冻害：根拔冻害是由于播种移栽过晚，油菜生长弱，扎根浅，当气温降到0℃以下时，土壤中的水分结冰土层膨胀，可把油菜苗掀起扯断幼苗的根，使苗倒根露，经风吹失水大量死苗。根颈部受冻害时，病部产生水渍状斑，以后环状变褐，根颈变粗，内部变空，严重时根颈纵裂，植株死亡。

②叶片冻害：当气温降到－3℃以下时，油菜叶片细胞间隙和细胞内结冰，细胞脱水。脱水一方面可使细胞内溶液升高，特别是盐的浓度升高，造成对细胞的伤害；另一方面由于生理脱水细胞塌陷，对细胞壁和原生质造成伤害，叶片发紫或黄枯，或出现烫伤状萎蔫，最后叶片部分或全部变白。如低温持续时间较短，叶细胞仍可生长，但叶片会出现凹凸不平现象。

③蕾薹冻害：蕾薹期抗寒力减弱，如气温降到0℃以下，蕾受冻害呈黄色，易脱落。嫩薹冻后常破裂枯死。

冻害受以下因素影响：一是低温持续时间长短的影响。持续时间越长，越易受冻，并且冻害越重。二是与品种特性有关。一般冬性强的品种比春性强的品种抗寒力强。三是与油菜幼苗含糖量有关。含糖量越高则抗寒力越强。

2. 防治方法　①选用适宜当地种植的抗寒品种。②适时播种移栽，培育壮苗，使冬前油菜体内细胞中淀粉含量提高，入冬后淀粉水解可使细胞内可溶性糖含量增高，可增强油菜的抗寒力。③增施腊肥，中耕培土，做好保暖防冻工作。④喷施多效唑或抗寒剂K-3或抗霜剂1号可预防或减轻冻害。

四、油菜病害的诊断方法

油菜病害的诊断目的是确定油菜是否发病,查明和鉴别油菜发病的原因,确定病害的种类,然后根据病害的特点,采取适当的措施进行及时有效的防治。

油菜有非侵染性病害和侵染性病害两类,这两类病害的防治措施完全不同,因此要先确定病害类别。

(一)油菜非侵染性病害的诊断方法

1. 田间观察和环境调查 田间观察重点应注意病害的分布情况和病害的症状表现。非侵染性病害一般发病面积较大,且分布均匀,病害没有由点到面向四周蔓延的过程。非侵染性病害与环境条件和栽培水平关系密切。如施肥、排灌、农药喷洒、低温和高温以及工厂排放的烟尘、废水等均可以引起油菜发生非侵染性病害。因此,这就要对油菜地周边的环境情况和田间的栽培管理进行调查和综合分析,以确定发病原因。

2. 症状鉴别 油菜的非侵染性病害表现症状的部位只有病状,没有病征。但油菜的侵染性病害如油菜病毒病也没有病征,这就要通过仔细观察田间开始发病时有无中心病株或发病中心形成,结合症状来加以判别。另外,为了排除未表现病征的真菌和细菌病害,可将病部表面消毒,放在消毒的保湿容器内保湿 24 小时左右后观察病部,如果没有病征,则可以鉴定为非侵染性病害。

(二)油菜侵染性病害的诊断方法

侵染性病害都具有传染性。在田间,一般呈分散性发病,即先出现几个发病中心,然后向四周扩展,使发病面积逐渐扩大。除油菜病毒病外,油菜其他侵染性病害都有病征。多数真菌病害,在发病部位可以看到如霉状物、粉状物或粒状物的病征；细菌病害在潮湿情况下，会产生乳白色或黄色的菌脓。根据这些病征，结合病状，可以鉴定是哪种病害。但是一些真菌和细菌病害，例如一些叶斑病，病斑症状很相似，根据症状难以鉴定是某一种病害。这时，对于真菌病害可以用消毒的针或镊子，挑取病部的病原物，放置载玻片的水滴中，盖上盖玻片，在显微镜下观察病菌的孢子的形态，就可以确定是某种真菌病害（但要注意有时病斑上可能存在腐生菌）。对于细菌病害，可以从病部剪取一小块新鲜的病组织（带有少量健组织），用清水洗净，放置干净的载玻片上，加一滴蒸馏水，盖上盖玻片，镜检，如病组织有大量的云雾状细菌溢出，即可诊断为细菌病害（这种显微镜鉴定病原的方法需要一定条件，并且鉴定人需具备一定经验）。

思考题

1. 油菜的病害是怎样产生的？有哪些病症和病状类型？

2. 侵染油菜的病原物有哪几类？举例说明各类病原物会造成哪些病害？

3. 真菌、细菌会引起哪些油菜病害？

4. 病原物的侵染过程有哪几个阶段？

5. 如何防治油菜缺素症？

第三章 油菜虫害防治的基础知识

一、昆虫的外部形态特征

(一) 昆虫体躯的一般构造

昆虫属无脊椎动物的节肢动物门、昆虫纲。节肢动物的体躯由一系列体节组成,左右对称,其外具有外骨骼的躯壳(图 3-1)。

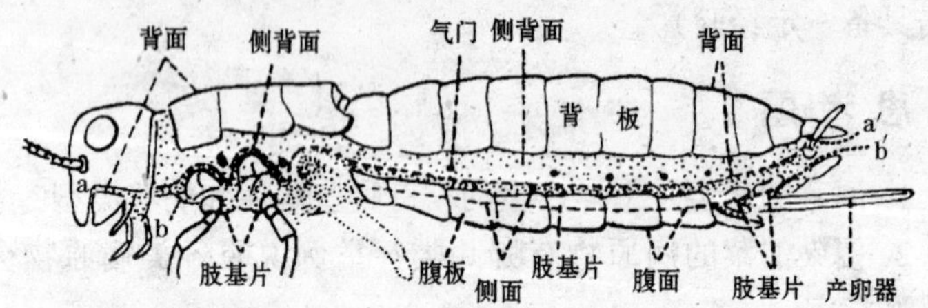

图 3-1 昆虫体躯的基本构造 (仿 Snodgrass)

a—a′:背侧线 b—b′:腹侧线

体躯分为头、胸、腹 3 个体段。头部是感觉和取食的中心,它具有口器、触角和复眼,有些昆虫还具有单眼;胸部是运动的中心,通常具有 3 对足,2 对翅;腹部为生殖和代谢的中心,大部分内脏器官和生殖系统位于其中,生殖孔和肛门开口于腹部末端。

(二) 昆虫的头部

头部是昆虫感觉和取食中心,是昆虫体躯最前面的一个体段,由数个体节愈合而成。其内面有脑、肌肉、神经等,外面主要着生有触角、眼、口器等感觉和取食器官。

1. 昆虫触角的基本构造和类型

(1)触角的基本构造　触角是昆虫的主要感觉器官。成虫的触角在两复眼之间或下方,由 3 节组成。基部与头壳相接的一节叫柄节,第二节称为梗节,其余的统称为鞭节(图 3-2)。

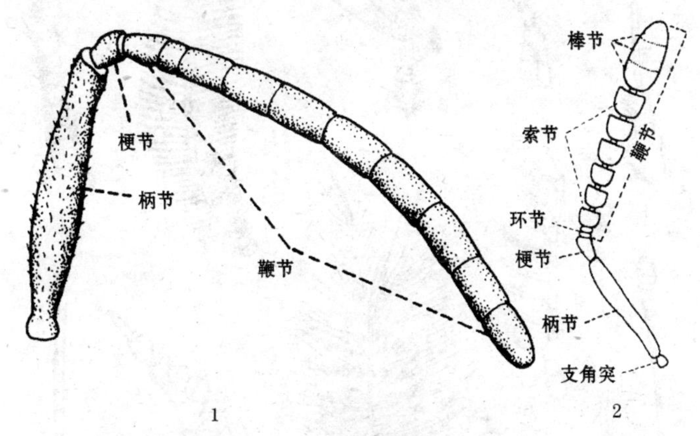

图 3-2　昆虫触角的基本构造

1. 蜜蜂的触角(仿周尧)　2. 小蜂的触角(仿祝汝佐)

(2)触角的类型　昆虫触角形状常因种类、性别而异。常见类型有以下几种(图 3-3)。

①刚毛状:触角短小,柄节和梗节较粗大,鞭节细如刚毛。如蝉、蜻蜓的触角。

②锤状:类似于棍棒状,但端部数节突然膨大,末端平截,形状如锤。如郭公虫的触角。

③鳃片状:鞭节端部 3 ~ 7 鞭小节扩展成片状,相叠一起形似鱼鳃。如金龟子的触角。

④羽毛状:也称双栉齿状。各鞭小节向两侧突出呈细枝状,形似篦子或羽毛,故称羽毛状。如蚕蛾的触角。

⑤念珠状:柄节较大,梗节较小,各鞭小节似球形,大小几乎相等,似一串珠子。如白蚁的触角。

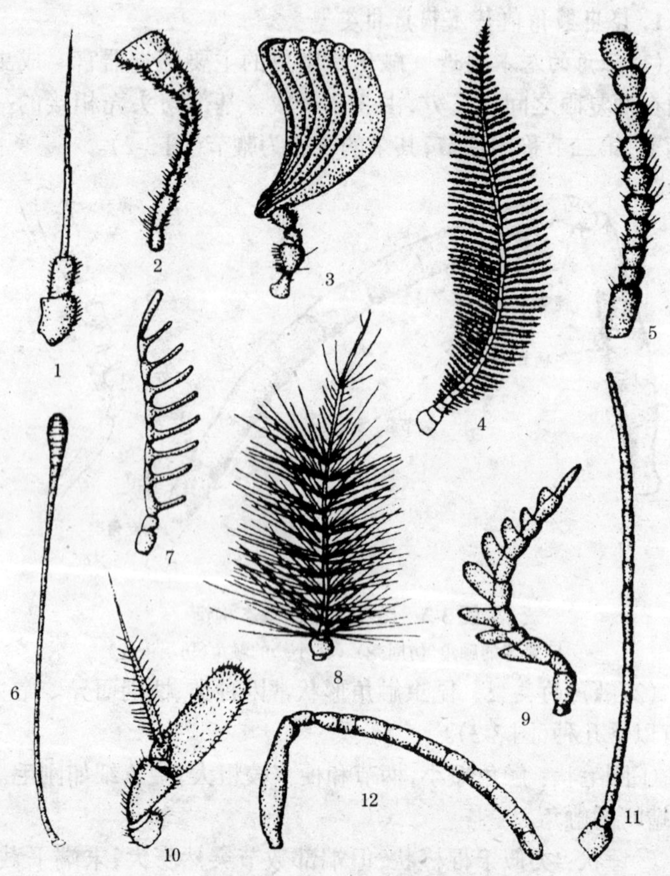

图 3-3 昆虫触角的类型 （仿周尧、管致和等）

1. 刚毛状 2. 锤状 3. 鳃片状 4. 羽毛状 5. 念珠状 6. 棍棒状 7. 栉齿状 8. 环毛状 9. 锯齿状 10. 丝状 11. 具芒状 12. 膝状

⑥棍棒状：触角基部和中部细长如丝，端部数节逐渐膨大，形似棍棒。如蝶类触角。

⑦栉齿状：各鞭小节向一侧突出成梳齿状，形似梳子。如绿豆象雄虫的触角。

⑧环毛状：除柄节和鞭节外，在鞭节的各鞭小节上均环生1圈细毛。如雄蚊的触角。

⑨锯齿状：各鞭小节向一侧突出成三角形，似锯条。如叩头虫的触角。

⑩丝状：触角细长如丝，除柄节和梗节较粗外，组成鞭节的各鞭小节形状、大小相似，连接呈线状。如蝗虫、天牛的触角。

⑪具芒状：触角短而粗，一般只有3节，第三节特别膨大，其上着生1根刚毛。如蝇类的触角。

⑫膝状：柄节特别长，梗节短小，二者之间成膝状弯曲。如蜜蜂的触角。

(3)触角的功能

①感觉作用：触角是昆虫重要的感觉器官，其上有许多感觉器，可以感触到近距离各种物质的刺激，以决定是否停留或取食等。

②嗅觉作用：有些昆虫触角上有许多嗅觉器，可以嗅到一定距离化学物质的气味，能闻到食物或异性分泌的性激素的气味，借此可找到食物场地和配偶。如三化螟成虫凭借水稻中的稻酮气味找到水稻，菜粉蝶通过芥子油的气味找到十字花科植物。大多数昆虫都是通过性激素找到异性进行交尾。

③听觉作用：部分昆虫的触角具有特化程度较高的声波感受器，即江氏器，它是昆虫听觉器中最敏感的一种。如雄蚊能通过触角上的江氏器听到雌蚊飞翔时所发出的声音，而达到寻找雌蚊进行交尾的目的。

④抱握作用：如雄芫菁触角具有抱握作用，在交配时，用以抱握雌体。

除此之外，水生昆虫仰泳蝽的触角能保持身体的平衡；魔蚊的触角还能捕食小虫等。

(4)触角的应用价值

①鉴定昆虫种类：由于昆虫触角的形状、分节数目及着生位置均因昆虫的种类而异，因此触角的类型是鉴定昆虫种类的重要依据。如蝴蝶的触角为棒状，蛾类的触角为丝状或羽毛状，白蚁的触角为念珠状等。

②辨别昆虫的性别：雌雄昆虫的差异除了外生殖器不同外，不少昆虫触角的形状也明显的不同。如小地老虎，其成虫雄蛾的触角是羽毛状，雌蛾是丝状；绿豆象雄虫是栉齿状，雌虫是锯齿状。

③用于害虫预测预报及防治：由于昆虫触角上有各种各样的感化器官，并且有些昆虫的感化器对某些化学物质特别敏感。因此，可以利用这一特性对昆虫进行诱集和趋避。如棉田内插放杨树把，诱集棉铃虫；对衣鱼、衣蛾等一些贮藏害虫可用樟脑精发出的气味驱避其为害。在害虫预测预报与防治上，常常应用各种昆虫的性诱剂对害虫进行诱集和迷向。在小麦田里支架放置盛有糖、醋、酒的容器，不仅可以对小地老虎和黏虫发生时间、发生量进行预测预报，同时也可以诱杀它们的成虫，减少该虫的交配次数和雌虫的产卵率，压低下一代害虫发生基数。

2. 昆虫的眼 昆虫的眼一般分为复眼和单眼2种。

(1)复眼 除穴居和寄生昆虫外，一般昆虫的成虫、若虫和稚虫都有1对复眼，着生在头部的两侧，多为圆形、卵圆形、肾形等。少数昆虫的复眼分上下2部分(图3-4)。

复眼是由小眼组成的。小眼面通常为正六边形。各种小眼的形状、大小、数目和着生的位置都有很大的变化。

复眼是昆虫的主要视觉器官之一。复眼不仅能分辨近距离的物体，特别是运动的物体，而且还能分辨光的波长、颜色和强度，可以形成物象，看到人类看不到的短波光。因此，复眼对昆虫取食、觅偶、避敌等都起着重要的作用。

(2)单眼 昆虫的单眼分为背单眼和侧单眼2类(图3-5)。成

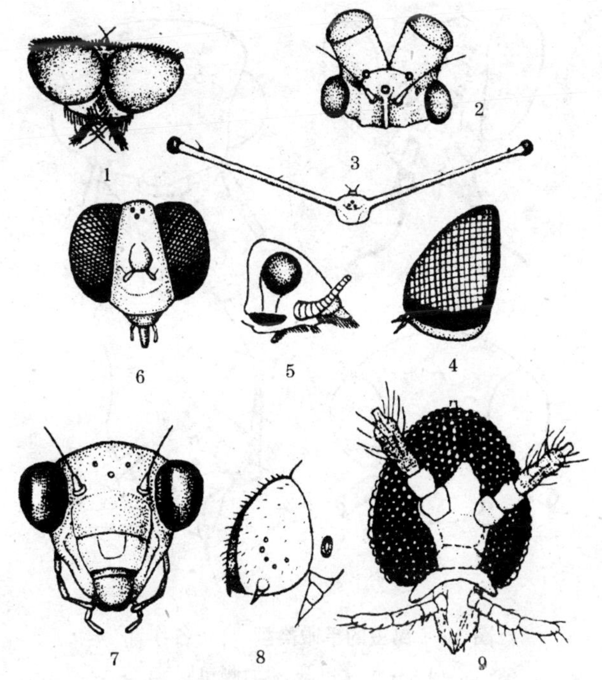

图 3-4　昆虫复眼的变化　（仿各作者）

1. 牛虻雄虫的接眼　2. 蜉蝣的复眼和单眼　3. 突眼蝇的复眼
4. 牛虻的离眼　5. 豉甲的复眼一分为二　6. 牛虻雄虫的复眼
7. 螳螂的复眼　8. 家蚕幼虫的侧单眼　9. 小麦吸浆虫的复眼

虫、若虫和稚虫的单眼一般位于头部的背面或额区的上方，故称之为背单眼。背单眼一般为 3 个，但也有 1～2 个或无单眼的。幼虫的单眼一般位于头部两侧，所以叫侧单眼。侧单眼一般每侧各有 1～6 个。单眼的有无、数目及位置均可作为昆虫分类的依据。

单眼的主要功能是辨别光的方向和强弱，不能形成物象。

3. 昆虫的口器

(1)口器的类型　口器是昆虫的取食器官。由于昆虫的取食

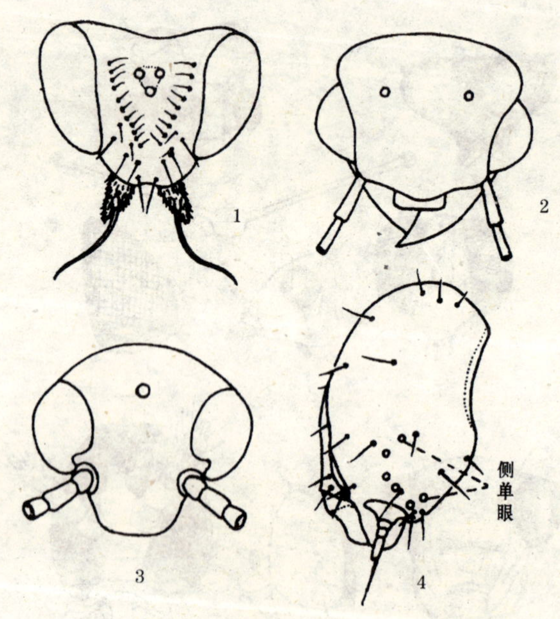

图 3-5　昆虫的单眼类型　（仿各作者）

（1～3 为背单眼，4 为侧单眼）

1. 秆蝇　2. 隐翅甲　3. 皮蠹　4. 鳞翅目幼虫

方式不同，因而昆虫口器的外形和构造也发生了相应的特化，形成了各种不同的口器类型。与农业害虫防治有关的昆虫口器为咀嚼式、刺吸式、锉吸式、虹吸式和刮吸式等。

①咀嚼式口器：咀嚼式口器是最原始的口器类型，也是昆虫比较常见的一种口器。主要由上唇、上颚、下颚、下唇和舌 5 部分组成(图 3-6)。

上唇：上唇是一个双层的横形薄片，其外壁骨化，内部柔软并富有多毛的味觉器，可辨别食物的味道。上唇盖在上颚的前面，组成了口器的上盖，它能关住被咬碎的食物，以便把食物送进口中。

上颚：位于上唇的后方，是一对坚硬的锥状物或块状物。其

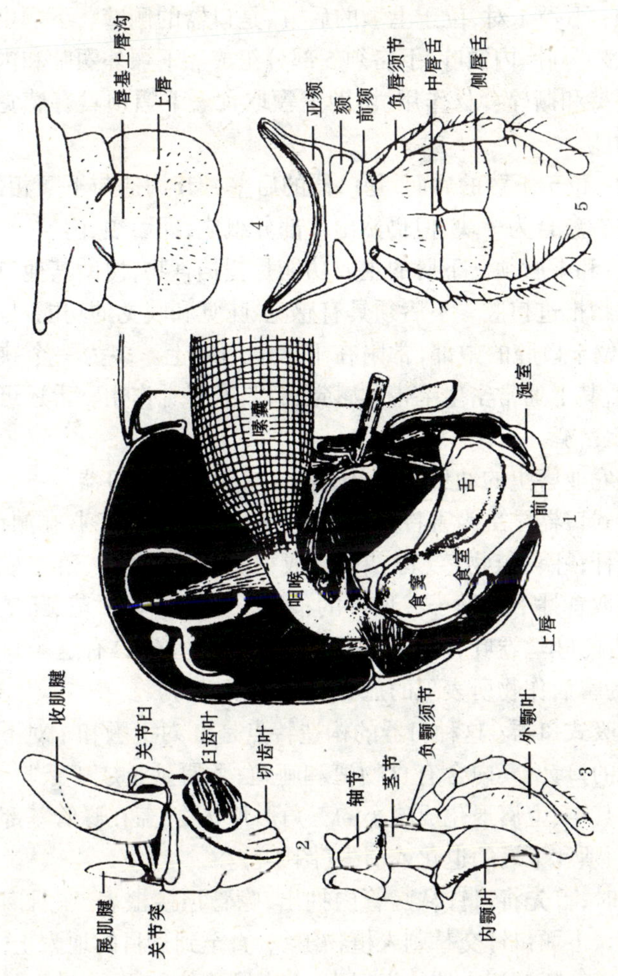

图 3-6　蝗虫的咀嚼式口器（仿各作者）

1.头部　2.上颚　3.下颚　4.唇基和上唇　5.下唇

前端具齿的部分称为切齿,用于切断和撕裂食物。基部内侧有一个与磨盘齿槽相似的粗糙部分为臼齿,用以磨碎食物。

下颚：下颚 1 对,位于上颚的后方,是口器的侧壁。下颚由轴节、茎节、外颚叶、内颚叶、下唇须 5 部分组成。下颚外颚叶和内颚叶具有握持和撕碎食物作用,协助上颚取食。下颚须具有感觉和味觉的功能。

下唇：位于下颚的后面,是口器的后壁。其构造与下颚相似,只不过左右愈合为一块,但仍然由 5 部分组成,即后颏、前颏、侧唇舌、中唇舌和下唇须。下唇的主要功能是托挡食物,协助其他口器附肢将食物推进口腔。下唇须具有感觉、味觉和嗅觉的功能。

舌：位于口腔的中部,常附在下唇的内壁上。多为一个狭长的囊状物,其上通常密生毛带和感觉器,具有味觉作用。舌还可以帮助吞咽食物。

许多农业害虫的幼虫的口器基本上属于咀嚼式口器。

咀嚼式口器昆虫为害特点是：咬食植物叶片呈缺刻、孔洞;咬断植物茎秆;蛀食植物茎、花、果,造成植物枯心、倒秆、落花或落果。有的取食播下的种子或地下的根、茎,导致作物缺苗、断垄或枯死;还有的吐丝卷叶,躲在里面取食叶肉。总之,具有这类口器的害虫,为害后作物所表现的症状均为机械损伤。

②刺吸式口器：这种口器的构造特点是:1 对上颚和 1 对下颚变为细长的口针,其内含有食物道和唾道;下唇延长成 1 条喙管,口针位于其中;上唇退化成狭小的三角形片状物,盖在喙管基部的上面,下颚须和下唇须退化或消失(图 3-7)。

取食时,首先将口针从喙管内抽出,喙管顶接植表,在肌肉的作用下,上、下颚口针交替刺入植物组织,直至到达目的地为止,然后通过唾道将唾液注入植物组织内,在唾液酶的作用下,进行肠外消化,最后再由食物道把它吸入消化道内。

刺吸式口器昆虫为害植株后,不仅抽吸了植物细胞汁液,而且

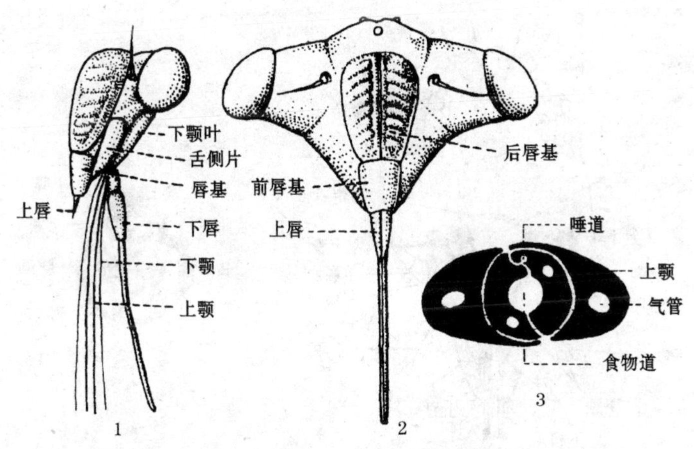

图 3-7　黑蚱蝉的口器　（仿朱达美）

1. 头部侧面观　2. 头部正面观　3. 上、下颚口针横切

有的昆虫所分泌的唾液还刺激了植物细胞，导致植物细胞不正常的分裂，使被害的部位常表现为变色的斑点、条纹、卷缩、虫瘿、肿瘤等。严重时造成植物枝叶干枯脱落、落花、落果，甚至枯萎而死。

除此之外，刺吸式口器还可传播植物病毒。据报道，已知大约有 400 种昆虫可传播 200 种以上的病毒，其中不少刺吸式口器害虫传播病毒所造成的损失，远比它直接刺吸植物的损失更大。

③锉吸式口器：锉吸式口器是蓟马类昆虫特有的口器。其构造特点是：头部向下突出，呈圆锥形。喙短小，由上、下唇组成，其内藏 3 根口针。左上颚特化为发达的口针，形成刺穿植物的工具。右上颚退化或消失。两根下颚口针嵌合成食物道，舌与下唇之间形成唾道(图 3-8)。

取食时，先用左上颚刺植物表面，待汁液流出后，将喙紧贴于伤口，将植物汁液吸入消化道内。

锉吸式口器昆虫通常为害植物的叶、芽、花和果实，被害处先是出现不规则的白色小斑点，然后因失水而出现皱缩、畸形或卷曲

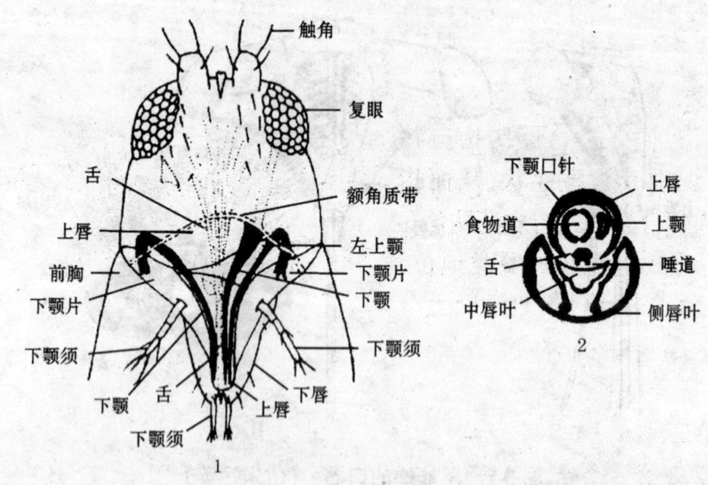

图 3-8 蓟马的锉吸式口器

1. 头部前面观(仿 Metcalf) 2. 喙的横断面(仿 Eidmann)

等被害状。

④虹吸式口器：这类口器为蝶类和绝大多数蛾类昆虫所特有。其构造特点是：下颚的外颚叶极度延长，由一系列骨化环与膜质环相间紧密排列而成，左右两外颚叶组成一个能卷曲的、形似钟表发条状的喙，其端部尖细。每一外颚叶内侧有 1 纵槽，两外颚叶嵌合在一起形成食物道。除第三节的下唇须发达外，其他口器的附肢和附器均退化(图 3-9)。

具虹吸式口器的昆虫通常取食花蜜，不为害作物。但也有不少吸果夜蛾类能刺穿果皮，吸食果汁，同时也为细菌的侵入打开了门户，造成果实腐烂，严重影响水果的产量和品质。因此，果农们常把它们列为重要的果树害虫。

⑤刮吸式口器：这类口器为蝇类幼虫所特有。其口器退化，通常只见到 1 对口钩(图 3-10)，两口沟间为食物的进口。取食时，先用口钩将食物钩烂，然后吸食汁液和固体碎屑。

(2)口器类型与虫害防治的关系　通过口器的类型,不仅可以识别昆虫的种类,同时可以根据各类口器的构造特点,识别其为害症状,从而指导人们合理地进行农药防治。

①确定昆虫的分类地位:在昆虫分类中,口器是昆虫分类的重要依据。如具有虹吸式口器的昆虫是鳞翅目成虫,具有锉吸式口器的昆虫一定属于缨翅目。

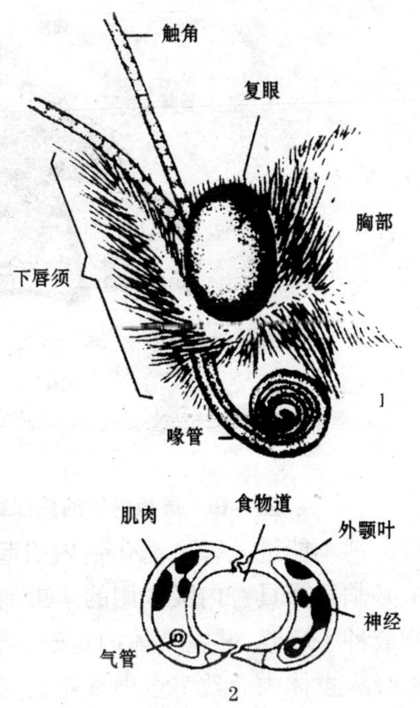

图 3-9　蝶的虹吸式口器
(仿各作者)
1. 侧面观　2. 喙的横断面

②确定昆虫的种类:由于不同昆虫的口器,为害植物后作物表现的被害状也不同。学习昆虫口器类型后,即使害虫已离开寄主,人们也可以根据植物的被害状、被害部位等确定害虫的口器类型。如植物叶片上有缺刻,甚至于把整个叶片吃光,就可以判定是蝗虫、黏虫或金龟子类等咀嚼式口器昆虫所为害;若植物叶片上出现了褪色的斑点、条纹、卷缩、虫瘿、肿瘤等被害状时,就可以推断是蚜虫、叶蝉、飞虱等刺吸式口器昆虫所为害。

③指导虫害防治:为了经济有效地防治虫害,就必须根据昆虫口器的类型,选用不同的杀虫剂。如在防治咀嚼式口器昆虫时,可将胃毒剂喷洒在害虫的寄主植物上,或拌在害虫喜欢取食的饵料中制成毒饵灭虫。但胃毒剂对刺吸式口器害虫则无效,因为它们是通过口针刺入植物组织内吸取植物的汁液,喷在植物表面的

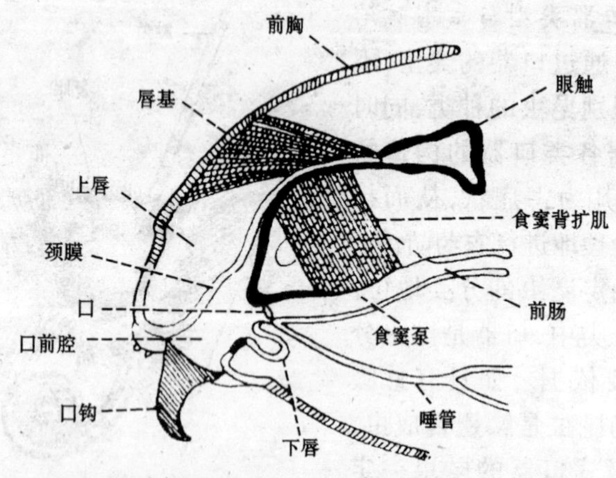

图 3-10 蝇蛆内缩的头部纵切面 (仿 Snodgrass)

胃毒剂不能进入害虫消化道内引起中毒,因此防治刺吸式口器害虫必须选择具有内吸作用的杀虫剂。因为内吸剂使用后可以被植物或种子吸收,并在其体内运转,当害虫取食其汁液时,毒剂也随之吸入虫体内而致害虫中毒死亡。触杀剂是经体壁进入体内而引起毒杀作用的,所以它可防治各类口器昆虫。有些杀虫剂同时具有触杀、胃毒、内吸甚至熏蒸等多种杀虫效果,适用于防治不同类型口器的害虫。此外,还要注意掌握各害虫的为害方式、为害部位,准确把握用药的时机,如某些咀嚼式口器害虫通过钻茎秆、蛀果实、潜食叶肉等方式进入植物内部进行为害的,因此,必须掌握在该害虫蛀入作物之前这个关键时期用药防治,才能达到经济有效的防治目的。

(三) 昆虫的胸部

胸部是昆虫的第二体段,以颈膜与头部相连。由前胸、中胸和后胸 3 个体节组成。各胸节的侧下方着生有 1 对足,依次成为前足、中足和后足。通常在中胸和后胸的背面两侧,各着生有 1 对翅,称之为前翅和后翅。因足和翅均是昆虫的主要器官,所以胸部是昆虫的运动中心。

1. 胸部的基本构造 昆虫每一胸节均由 4 块骨板组成,背面的称背板,腹面的为腹板,两侧的为侧板。为了承受翅和足运动时强大的牵引力,各胸节不仅体壁高度骨化,互相嵌接,而且还具有复杂的沟和脊,便于发达肌肉着生。胸部各节发达程度与翅和足发达与否紧密相关。如螳螂前足很发达,所以前胸又长又大;苍蝇、蚊子等双翅目昆虫前翅特别发达,后翅退化,故其中胸特别粗壮,后胸狭小;再如蝗虫后足善跳,所以后胸很发达。

2. 胸足的基本构造和类型

(1)胸足的基本构造 昆虫胸足分为成虫的胸足和幼虫的胸足,二者构造有明显的不同。成虫的胸足构造比较复杂,种类也较多(图 3-11),但它们的基本构造是一样的,都是由基节、转节、腿节、胫节、跗节和前跗节组成。前 4 节各为 1 节(姬蜂等有 2 节)。胫节端部常着生能活动的距。跗节通常分为 2~5 个小节,前跗节着生在胸足的末端。一般成虫的前跗节已退化,被 2 个侧爪所取代。有的昆虫两爪间还有一膜质的中垫或爪间突。

(2)胸足的类型及功能 由于各种昆虫的生活环境及生活方式不同,所以足的功能也发生了相应的改变,为此,昆虫足的形状和构造也发生了多样化变异。

①步行足:足一般细长,各节无显著特化现象,适于行走。如蚜虫、步行足等昆虫的足。

②跳跃足:腿节特别膨大,胫节细长,末端有距,用于跳跃。如蝗虫、蟋蟀等昆虫的后足。

③捕捉足:基节特别长,腿节粗大,腹面具槽,槽的两边有 2 列刺,胫节腹面有 1 排刺,胫节弯曲时正好嵌入腿节的槽内,适于捕捉小虫。如螳螂的前足。

④开掘足:胫节宽扁而粗壮,末端锯齿。跗节呈铲状,便于掘

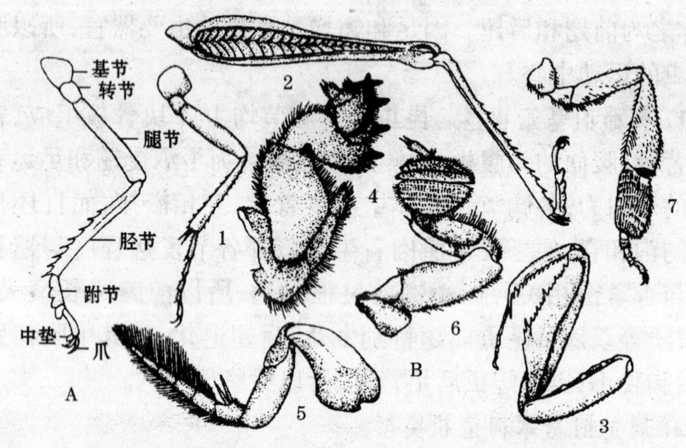

图 3-11　昆虫足的基本构造和类型　（仿各作者）

A. 足的基本构造

B. 足的类型

1. 步行足（步甲）　2. 跳跃足（蝗虫的后足）　3. 捕捉足（螳螂的前足）
4. 开掘足（蝼蛄的前足）　5. 游泳足（龙虱的后足）
6. 抱握足（雄龙虱的前足）　7. 携粉足（蜜蜂的后足）

土。如蝼蛄的前足。

⑤游泳足：多见于水生昆虫的后足。足各节扁平细长，有长缘毛，相似浆状，适于划水。如龙虱、仰泳蝽等水生昆虫的后足。

⑥抱握足：为雄龙虱特有。其前足 1～3 跗节膨大成吸盘状，在交配时用于抱握雌体。

⑦携粉足：胫节端部宽扁，外侧平滑而稍凹，边缘有长毛，形成携带花粉的花粉筐。第一跗节特别膨大，内侧具多排横列刚毛，形成花粉梳用以梳集花粉。如蜜蜂的后足。

⑧攀缘足：为虱类昆虫特有的足。其特点是足的胫节肥大，外缘有一指状突起，跗节仅 1 节，前跗节特化成 1 个大型爪。当爪弯曲时，其尖端与胫节端部的指突密接，形似钳状，以便牢牢地夹住寄主的毛发。

幼虫的胸足与成虫胸足构造基本相同,但比较简单。跗节不分节,前跗节只有 1 个爪。

3. 翅的基本构造和类型　在昆虫的王国中,除极少数种类外,绝大部分昆虫都具有 1～2 对翅。翅有利于昆虫觅食、避敌、迁飞、扩散、寻找配偶繁殖后代等。

(1)翅的基本构造　昆虫的翅一般近似于三角形,具有 3 边 3 角。将翅平展后,在前方的一边称为前缘,靠近身体尾部的一边为后缘或内缘,在前缘和内缘之间的一边为外缘。翅基部的角称为基角,前缘与外缘之间的角为顶角,外缘与内缘之间的角为臀角。

昆虫的翅为了适应飞行和折叠的需要,翅面上通常有 3 条褶纹,把翅面分为 4 个小区。翅基部有基褶,将翅基部划出一个三角形的腋区;从翅基到臀角有一条臀褶,臀褶之前的翅面为臀前区,臀褶之后的区域为臀后区。有些昆虫臀区的后方还有一条轭褶,其后方为轭区(图 3-12)。

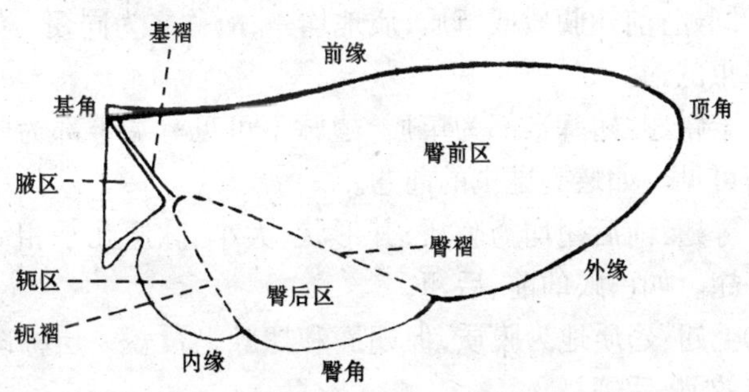

图 3-12　昆虫翅的构造（仿 Snodgrass）

昆虫的翅一般为膜质的薄片,为了增加翅的强度,膜质的薄片中通常贯穿有许多翅脉。翅脉在翅面上分布的程序叫脉相,脉相是研究昆虫进化和分类的重要依据。翅脉分为纵脉和横脉,纵脉和横脉之间的小区叫翅室。翅室的形状及数目也是分类常用的特征之一。

(2)翅的变异　昆虫为了适应各种生活环境的需要,因而翅发生了各种变异。最常见的有以下几种(图 3-13)。

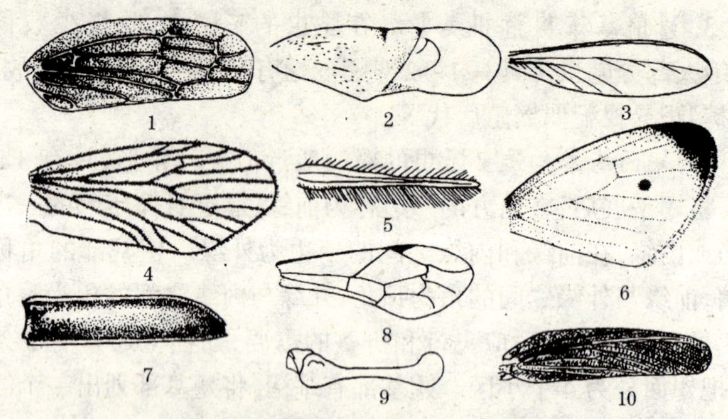

图 3-13　昆虫翅的类型　(仿朱达美)

1. 同翅　2. 半鞘翅　3. 等翅　4. 毛翅　5. 缨翅　6. 鳞翅　7. 鞘翅　8. 膜翅　9. 平衡棒　10. 覆翅

①同翅:前翅膜质或革质,质地均一,故称之为同翅。如蝉、粉虱等昆虫的翅。

②半鞘翅:翅基半部为革质,翅脉不可见。端半部为膜质,翅脉清晰可见。如蝽类昆虫的前翅。

③等翅:前后翅均为膜质,其形状、大小、脉序几乎相等,故称之为等翅。如白蚁的前、后翅。

④毛翅:翅质地为膜质,但翅面和翅脉上覆盖一层稀疏的毛。如石蛾的前、后翅。

⑤缨翅:翅膜质狭长,翅脉退化,翅着生有很多细长的缘毛,形似红缨枪,故称缨翅。如蓟马类昆虫的前、后翅。

⑥鳞翅:翅的质地为膜质,其上覆盖有一层鳞片。如蛾、蝶的前、后翅。

⑦鞘翅:翅的质地坚硬如角质,翅脉消失。这类翅不用于飞翔,仅起保护身体和后翅的作用。如金龟子、天牛等昆虫的前翅。

⑧膜翅：翅膜质薄而透明，翅脉明显可见。如蜂类、蚜虫等昆虫的前、后翅。

⑨平衡棒：有些昆虫的翅退化成小棍棒状，并失去了飞翔功能，只是在昆虫飞行时起着平衡身体的作用。如蚊、蝇等双翅目昆虫成虫的后翅。

⑩覆翅：翅基部质地加厚，坚韧似皮革，半透明，翅脉清晰可见。这类翅通常覆盖在体背和后翅上，兼有飞翔和保护作用。如蝗虫、蟋蟀等昆虫的前翅。

(3)翅的连锁与飞行　在有翅的昆虫中，除极少数昆虫（如蜻蜓、白蚁）的翅无连锁外，绝大多数昆虫在飞行时，为了使前、后翅的飞行动作保持一致，都借助于各种特殊构造将二者连接在一起，以增强飞行效果。这种起连锁作用的连接构造统称为连锁器。昆虫常见连锁器有以下几种（图 3-14）。

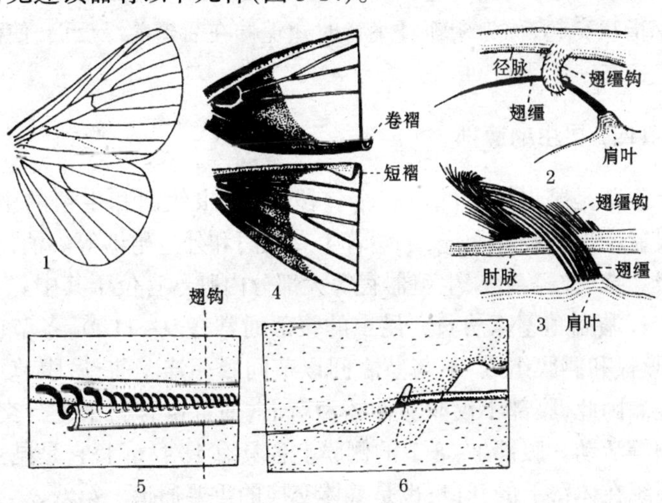

图 3-14　昆虫翅的连锁　（仿各作者）

1. 翅抱连锁（菜粉碟）　2～3. 翅缰连锁（2 为雄虫，3 为雌虫）

4. 翅卷褶连锁（蝉）　5. 翅钩列连锁（胡蜂）　6. 翅轭连锁（石蛾）

①翅抱连锁:后翅肩角膨大突出,飞行时伸于前翅的后缘之下,使前、后翅紧贴在一起,以保持飞行动作一致。如蝴蝶、枯叶蛾等昆虫。

②翅缰连锁:在鳞翅目大部分蛾类中,后翅前缘基部有1根或几根强大的刚毛(通常雄蛾1根,雌蛾为多根。可用于区别雌雄),即翅缰。前翅基部的反面一簇毛状的钩,称为翅缰钩。飞行时翅缰插在翅缰钩内,使前、后翅连接在一起。

③翅卷褶连锁:如同翅目昆虫蝉,其前翅的后缘中部有一段向下卷的褶,后翅的前缘有一段向上卷的褶,飞翔时两个卷褶挂连在一起,使前后翅的动作保持一致。

④翅钩列连锁:多数蜂类昆虫其后翅前缘中部有一列向上弯曲的小钩,用以钩住前翅后缘的褶。

⑤翅轭连锁:低等昆虫如石蛾、蝙蝠蛾等,其前翅后缘的基部有一指状突起,称为翅轭。飞行时翅轭伸在后翅前缘反面,使前后翅连接在一起飞行。

(四)昆虫的腹部

腹部是昆虫体躯的第三个体段,是昆虫代谢和生殖的中心。前段紧密地与胸部相连,末端着生有肛门和外生殖器等。消化道、呼吸系统、神经系统、生殖器官等大部分内脏器官位于其中。

1. 腹部的基本构造 昆虫的腹部通常有9~11节,各节由背板、腹板和侧膜组成,节与节之间以节间膜相连。前、后腹节可以套叠。因此,腹部不仅能够伸缩和弯曲,而且也有利于进行交尾、产卵等活动。腹部1~8节的侧膜上各具有1对气门,它是昆虫呼吸系统在体壁上的开口,也是气体交换的重要通道。第八、第九腹节上着生有雌雄外生殖器官。

2. 昆虫的外生殖器官

(1)雌虫外生殖器 雌虫外生殖器称产卵器。产卵器通常由

3对产卵瓣组成。位于腹面的1对称腹产卵瓣,位于背面的1对称背产卵瓣,两者之间的1对称内产卵瓣。产卵器的形状、构造和功能常因昆虫种类而异。如蝗虫的产卵器构造特点是:背产卵瓣和腹产卵瓣发达,内产卵瓣退化。产卵瓣合拢时呈锥形,便于钻土打洞。产卵时借助于两对产卵瓣的张合,逐步将腹部插入土中。叶蝉、飞虱、蝉等同翅目昆虫的产卵器构造特点是:腹产卵瓣和内产卵瓣相互连接,形成发达的产卵器。背产卵瓣特化为腹面有槽的宽大产卵鞘,产卵器位于其中。产卵时腹产卵瓣和内产卵瓣从产卵鞘中仲出,借助于产卵瓣的滑动,逐渐插入植物组织中产卵。蜜蜂产卵器的构造特点是:腹产卵瓣和内产卵瓣特化成螯针,其基部与毒液腺相连,产卵器已失去产卵的功能,成为攻击和保护的器官。具有螯针的昆虫,卵自螯针基部产卵孔产出。

(2)雄虫外生殖器 雄虫外生殖器称交尾器(交配器)。其构造比较复杂。模式构造主要包括阳具和抱握器。阳具由阳茎及其辅助构造组成;抱握器是由腹部第九节附肢演化而成的,用以抱握雌体。各种昆虫的雄虫外生殖器的形状、构造均具有种的特异性,也只有这样,才能确保自然界昆虫不能进行种间杂交。因此,雄外生殖器通常作为鉴定种或近似种的重要依据。

(五) 昆虫的体壁

体壁是昆虫体躯的最外层组织,质地比较坚硬,具有高等动物的皮肤和骨骼的双重作用。

1. 体壁的构造和功能 昆虫的体壁构造很复杂,简短地说由3层组成,从内向外依次为底膜、皮细胞层和表皮层。体壁的主要功能是:决定昆虫的体形,保护内脏,防止体内水分过度蒸发,供肌肉着生。还可以特化成昆虫体表上的刚毛、鳞片、毒腺等各种腺体。

2. 体壁与药剂防治的关系 杀虫剂能否穿透体壁进入虫体,取决于杀虫剂的理化性状和昆虫的表皮结构特性。

昆虫上表皮通常是亲脂性的，它可以阻止水溶性触杀剂农药通过，允许脂溶性和油脂类的药剂进入虫体；而内表皮又是亲水层，阻止脂溶性药剂进入。所以，要想有效地杀死害虫，必须选用既有较高的脂溶性、又有一定水溶性的农药，才能穿透昆虫的体壁发挥药效。同时昆虫体壁上的微毛、鳞片等能阻止药剂与体壁接触。所以，同一种农药、同样的浓度，喷杀体壁光滑的昆虫比体壁具毛的昆虫效果好。昆虫的种类与杀虫效果也有密切关系。通常体壁坚硬、蜡质发达的昆虫，药剂难以穿透体壁，杀虫效果差。就同一种昆虫而言，低龄幼虫比高龄幼虫体壁薄，容易触药而死，所以在防治虫害时提倡"消灭3龄以前幼虫"的原因就在于此。在同一个虫体上，不同部位的体壁厚薄也不一样，体壁越薄的地方，药剂越易进入，所以昆虫的节间膜、感化器、跗垫、气门等地方，都是农药易通过的地方。由此可知，了解体壁的结构和特性，对使用药剂防治虫害有重要的指导意义。

二、昆虫的内部器官及其功能

昆虫内部器官和其他脊椎动物基本一样，主要有消化、排泄、呼吸、循环、神经、感觉和生殖等系统。但这些内部器官在昆虫体内分布的位置和功能与其他脊椎动物不一样。

（一）昆虫的体腔和内部器官的位置

昆虫的体腔是体壁围成的空腔，其内充满着血液，故昆虫的体腔又称血腔。昆虫所有的内脏器官均浸沐在血液中。整个体腔通常由2个隔膜分为3个小腔。背面的隔膜称背隔膜，其上面的小腔叫背血窦，循环器官的背血管位于其中；腹面的隔膜称腹隔膜，其下面的小腔叫腹血窦，腹神经索位于其中；背隔膜与腹隔膜之间是一个较大的空腔，称围脏窦，其内有消化、呼吸、生殖等大部分内脏器官(图 3-15)。

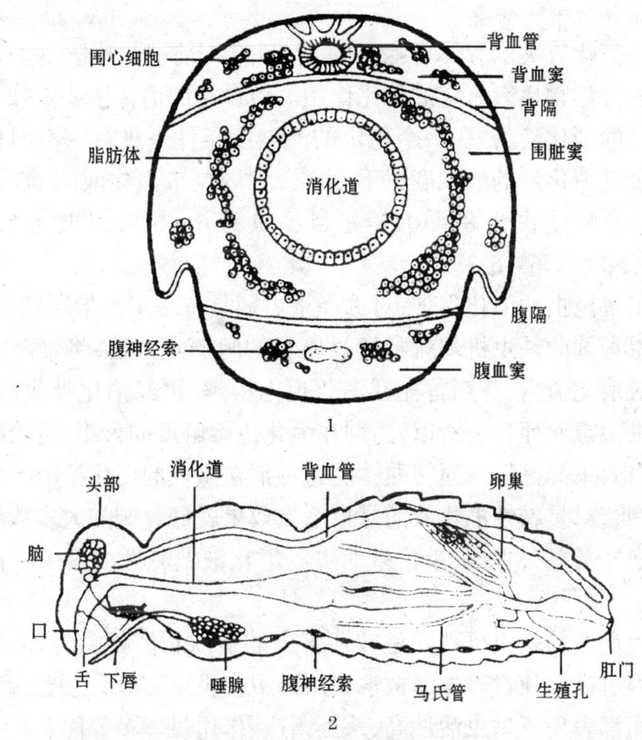

图 3-15 昆虫的体腔和内部器官

1. 昆虫腹部横切面(仿 Snodgrass) 2. 昆虫虫体纵切面(仿管致和)

(二) 昆虫内部器官及其与药剂防治的关系

昆虫各内部器官与药剂防治都有一定关系。但消化系统、呼吸系统、神经系统等内部器官与药剂防治关系最为密切。

1. 消化系统 主要由消化道和与消化有关的腺体组成。消化道的基本构造为前肠、中肠和后肠。前肠的主要功能是储存食物和部分消化作用;中肠分泌的消化液是食物消化和吸收的重要地方;后肠不仅排除食物残渣和代谢废物,而且还可以回收水分和无机盐。

与消化有关的腺体有咽喉腺、上颚腺、下唇腺、唾腺等。这些腺体的分泌物也有一定的消化作用。但食物的消化主要依赖于中肠分泌的消化液,并在一个稳定的酸碱度条件下进行。不同种类的昆虫其消化液的酸碱度也不一样。一般昆虫消化液的 pH 值为 6~8,蛾、蝶幼虫为 8~10,鞘翅目昆虫为 6~6.5,蝗虫为 5.8~6.9,蜜蜂为 5.6~6.3。

了解昆虫的消化生理,对选择杀虫剂具有一定的指导意义。

胃毒剂的杀虫机理就是通过昆虫的咀嚼式口器,将带药的食物摄入消化道内,药剂首先在消化道内溶解,再经消化吸收后,引起昆虫中毒而死亡。所以,药剂在消化道溶解度的大小,直接决定于杀虫效果的好坏。通常酸性的胃毒剂在碱性的消化液中溶解度大,因此,对具碱性消化液的昆虫杀虫效果就好。例如大多数苏云金芽孢杆菌对菜青虫、小菜蛾幼虫等消化液偏碱性的昆虫防治效果好。

拒食剂的杀虫机理就是破坏害虫的食欲和消化能力,最后使昆虫因饥饿而死亡。如印楝素在防治卫生害虫、仓库害虫、蔬菜害虫方面都表现了杀虫活性高、杀虫谱广、作用机理多等优点。

2. 呼吸系统　昆虫的呼吸方式很多,但主要是靠器官系统呼吸。器官系统由气门和气管组成。气门是气管在体壁上的开口,其上通常具有开闭和过滤机构。气管又分主气管、支气管、微气管,飞行昆虫和水生昆虫通常还具有由气管膨大的气囊。昆虫呼吸机制是靠通风和扩散,通风在气管和气囊内进行,扩散在微气管内进行。

熏蒸剂和神经毒剂是通过呼吸系统进入虫体,破坏害虫正常的呼吸代谢率,使之增高或降低,最后导致昆虫死亡。

药剂要进入虫体,首先必须要通过气门。气门开闭与温度有一定的关系，温度愈高，气门开口愈大，呼吸运动愈强，呼吸的毒剂也就愈多，害虫也就死得愈快。所以，在田间喷洒药剂和在室内使用熏蒸剂时，通常在较高的温度条件下进行杀虫效果才会更佳。

昆虫气体交换的强弱与体内二氧化碳(CO_2)多少也有关。若体内积累的二氧化碳多，呼吸作用也就强。因此，一般在室内使用熏蒸剂时，通常是人为地增加一些二氧化碳，可提高熏蒸效果。

除此之外，运用乳油剂杀虫或在田间喷洒一些废机油，使用肥皂水、面糊水等都可以机械地堵塞昆虫的气门使害虫因缺氧窒息而死亡。

3. 神经系统和感觉器官　昆虫的神经系统主要由中枢神经、交感神经和外周神经3部分组成。感觉器官及分泌腺体都是体壁的衍生物。神经系统和感觉器官是紧密联系的，当感觉器官接受体内外各种刺激后，就会产生冲动，神经将冲动传给肌肉和腺体等反应器，从而引起昆虫肌肉收缩或腺体分泌各种物质等行为活动。所以，昆虫的神经系统的主要功能是联系外界环境、调节机体各种动作维持昆虫生命活动的正常进行等。

杀虫剂的种类虽然很多，但是昆虫中毒的机制大都是一样的，作用于靶器官均是神经系统，只不过是药剂类型不同，对神经的作用方式或部位不一样。例如，除虫菊酯类药剂，通过改变神经膜的通透性，破坏神经传导；烟碱类杀虫剂与神经系统的化学传递物乙酰胆碱受体发生竞争性结合；有机磷及氨基甲酸酯类杀虫剂，抑制神经系统的乙酰胆碱酶的活性；阿维菌素可阻断神经与肌肉的联系，破坏肌肉的收缩功能，使昆虫中毒死亡。

除消化系统、呼吸系统、神经系统内部器官与药剂防治有密切关系外，其他内脏器官与药剂防治也有一定关系。

三、昆虫的主要生物学特性

昆虫生物学特性是指昆虫个体发育史,包括昆虫的生殖、胚胎发育、成虫各时期的生命特性。

(一)昆虫的主要生殖方式

昆虫的生殖方式很多,有两性生殖、孤雌生殖、多胚生殖、胎生及幼体生殖等。但主要是两性生殖和孤雌生殖。

1. 两性生殖 绝大多数昆虫都以两性繁殖后代,即通过雌雄交配,精子与卵子结合(受精)后,雌虫产下受精卵,并发育为新的个体,这种生殖方式称两性生殖方式。如蛾、蝶类等昆虫的繁殖方式。

2. 孤雌生殖 即雌虫不经过交配就能单独繁殖后代,或卵不经过受精就能发育成新个体生命的生殖方法。如蚜虫、蜜蜂等昆虫的繁殖方式。

3. 多胚生殖 1个卵在发育过程中可分裂成2个以上的性别相同的胚胎,每个胚胎发育成1个新的个体。如茧蜂、跳小蜂等昆虫的繁殖方式。

4. 胎生 自母体中产出的不是卵而是幼体的生殖方式。如蝇类、蚜虫等昆虫。

5. 幼体生殖 有些昆虫在幼虫期就能进行生殖的现象,称幼体生殖。如摇蚊、瘿蚊等昆虫的生殖方式。

(二)昆虫的发育和变态

1. 昆虫的发育阶段及其特点 昆虫的个体发育分为胚胎发育和胚后发育2个阶段。胚胎发育就是卵内发育。胚后发育是指昆虫自卵内孵出到羽化并达到性成熟为止的发育全过程。其中包括幼虫(或若虫)、蛹和成虫等发育时期。

卵期是指卵自母体产下到孵化(幼虫破卵壳而出的过程)出幼虫或若虫所经过的时间。昆虫的卵很小,最小的仅 0.02 毫米长,最大的也不会超过 10 毫米长,一般在 0.5～2 毫米之间。卵的构造相当复杂。卵的形状因种而异,常见的类型见图 3-16。

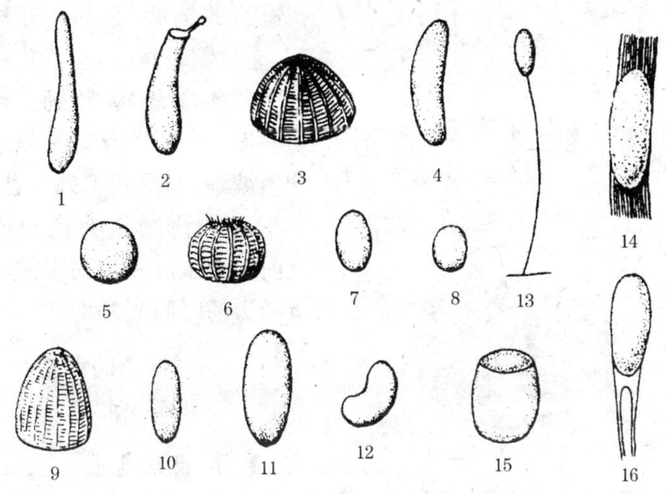

图 3-16　昆虫卵的形状　(仿各作者)

1. 长茄形(飞虱)　2. 袋形(三点盲蝽)　3. 半球形(小地老虎)　4. 长卵形(蝗虫)　5. 球形(甘薯天蛾)　6. 篓形(棉金刚钻)　7. 椭圆形(蝼蛄)　8. 椭圆形(大黑鳃金龟)　9. 馒头形(棉铃虫)　10. 长椭圆形(棉蚜)　11. 长椭圆形(豆芫菁)　12. 肾形(棉蓟马)　13. 有柄形(草蛉)　14. 被绒毛的椭圆形卵块(三化螟)　15. 桶形(稻蝽)　16. 双辫形

2. 昆虫的变态　昆虫一生要经过一系列形态上的改变,从而形成几个不同的发育阶段,这种现象称为变态。昆虫的变态主要有不完全变态和完全变态 2 大类。

(1)不完全变态　昆虫的一生经过卵、若虫或稚虫及成虫 3 个虫态。从卵内孵化出来的幼体陆生,形态和习性与成虫相似,这类幼体叫若虫,如蝗虫等;若幼体水生,其形态特征和习性与成虫不同,这类幼体叫稚虫,如蜻蜓等。

(2)完全变态　昆虫的一生经过卵、幼虫、蛹及成虫 4 个虫态。

这种变态的幼体的形态和习性等与成虫完全不同,故这类幼体叫幼虫。

幼虫通常分为多足型、寡足型和无足型3大类(图3-17)。

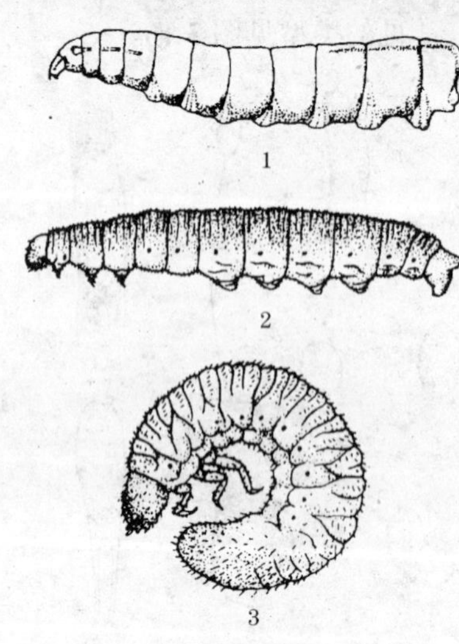

图3-17　昆虫的幼虫类型

(仿各作者)

1. 无足型　2. 多足型　3. 寡足型

幼虫老熟后,停止取食寻找适当的场所,有的还吐丝做茧,同时缩短身体,进入化蛹前的准备阶段,称为预蛹。预蛹蜕去皮的过程为化蛹。蛹通常分为被蛹、离蛹和围蛹3种(图3-18)。从化蛹至羽化为成虫从前一个虫态蜕皮而出的成虫所经历的时间叫蛹期。

(三)昆虫的世代和年生活史

1. 昆虫的世代　昆虫完成由卵到成虫性成熟产生后代的个体发育史,称为一个世代,简称1代。不同的昆虫完成一个世代需要的时间也各不相同,有的1年完成1代,有的年完成几代,还有的多年完成1代。世代的计算是由卵到成虫,但也有不少昆虫以幼虫、蛹和成虫越冬,翌年出现,这不能算当年的第一代,它们是上一年的最后一个世代,特称越冬代。当见到该昆虫卵时,才算第一代开始。

各种害虫年发生的代数多少,均因种类而异。如小麦吸浆虫年只发生1代,三化螟1年发生3~4代,华北蝼蛄3年完成1代。同时与环境条件也有一定关系,如黏虫在东北1年发生2~3代,华北1年发生3~4代,华中1年发生5~6代。

凡是 1 年发生多代的昆虫,往往因发生期参差不齐,出现前一代和后一代同一虫态同时出现的现象,称为世代重叠现象。

此外,由于昆虫生长不一致,至于后来发生局部时代。如三化螟最后一代,一部分又进入滞育,另一部分转化为下一个世代,形成 1 个局部时代。不管是世代重叠,还是出现局部世代,它们都给虫害防治带来了一定的难度。

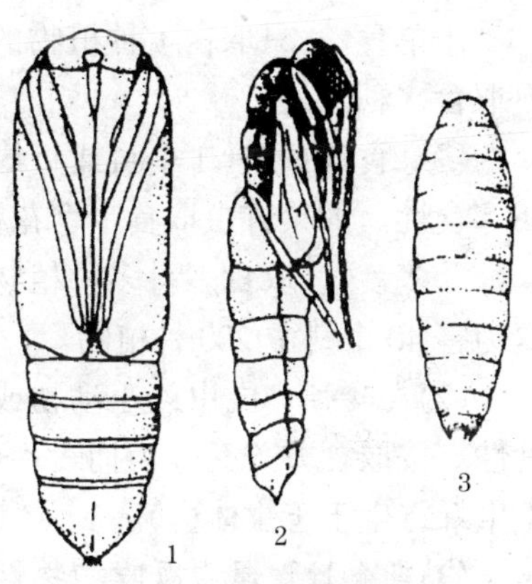

图 3-18　昆虫蛹的类型

（仿各作者）

1. 被蛹　2. 离蛹　3. 围蛹

2. 昆虫的年生活史　昆虫在整个一年中的发生经过,如发生的代数,各虫态出现的时间,和寄生植物发育阶段的配合及越冬情况等,称为年生活史或生活史。

了解和掌握当地主要害虫的年生活史,摸清它们的发生规律、为害情况,才能针对其薄弱环节和防治时机采取有效的防治措施。

（四）昆虫的主要习性

昆虫的习性包括昆虫的活动行为,是昆虫生物学特性的重要组成部分。

1. 食性　昆虫在长期演化过程中,对食物形成的一定选择性称为食性。不同种类的昆虫取食的习性也不同。根据昆虫取食食物的性质,可将其食性分为 4 大类。

(1)植食性　以取食活体植物及其产品的食性为植食性。这类昆虫占昆虫总数的 40% ~ 50%。根据它们取食范围广、狭,又可分为以下 3 种。

①单食性:只取食1种植物的昆虫食性叫单食性。如三化螟只取食水稻。

②寡食性:取食1个科或近缘科内的若干种植物的昆虫食性叫寡食性。如菜青虫取食十字花科和与其近缘的木樨科植物。

③多食性:取食多科多种植物的昆虫食性叫多食性。如玉米螟为害40个科中200种植物。

(2)肉食性　昆虫以小动物或其他昆虫活体为食的食性叫肉食性。按取食方式又分为捕食性(如瓢虫捕食蚜虫)和寄生性(如寄生蜂寄生于害虫体内)。

(3)杂食性　昆虫既吃植物性食物又吃动物性食物的食性叫杂食性。如蜚蠊等昆虫的食性。

(4)腐食性　以动、植物尸体以及动物粪便为食的昆虫的食性叫腐食性。如蜣螂的食性。

2. 趋性　是指昆虫对外界环境所产生的趋向或背向活动。前者为正趋性,后者为负趋性。昆虫的趋性很多,按其刺激物的性质可分为以下几种。

(1)趋光性　昆虫对光源刺激而产生趋向光源的反应称为正趋性。如蛾类等夜间活动的昆虫。反之为负趋性。如蜚蠊等昆虫。

(2)趋化性　是昆虫对一些化学物质的刺激所做出的反应。其正、负趋化性通常与昆虫觅食、求偶、避敌和寻找产卵的场所有关。如菜白蝶对含芥子油成分的十字花科植物有特殊的趋化性,而菜蛾则不趋向含有香豆素的木樨植物上产卵。

此外,昆虫趋温、趋湿等习性也反映了昆虫的趋性活动。

3. 群集性　同种昆虫大量个体高密度的聚集在一起生活的习性,称为群集性。群集性又分为临时性群集和永久性群集2类。

(1)临时性群集　是指昆虫仅在某一虫态或某一段时间内行群集生活,过后即分散。如一些毒蛾、刺蛾、叶蜂等低龄幼虫行群集生活,高龄后即分散;瓢虫多群集在一起越冬,当渡过寒冬后即分散。

(2)永久性群集 群集时间长,包括整个生活周期。如东亚飞蝗等昆虫。

4. 假死性 有些昆虫受到突然接触或振动时身体蜷缩、静止不动,或从停留处跌落下来呈假死状态、稍停片刻即恢复正常活动,这种现象称为假死性。如叶甲、象甲、金龟子、黏虫等。

5. 扩散 是指昆虫个体在小范围内分散或集中的活动,这种行为亦称为分散或蔓延。通常是在环境条件不适或食料严重不足时发生,它是昆虫扩大生活空间的生活方式之一。如蚜虫以有翅蚜在田内扩散或向邻近田扩散。

6. 迁飞 是指昆虫的成虫成群的从一个发生地长距离转移到另一个地区的现象。它是一种种群行为,具有遗传特性。如水稻褐飞虱、小麦黏虫等。

7. 滞育和休眠 都是昆虫为了保护自己的一种抗逆行为。

(1)滞育 是昆虫长期适应不良环境种的遗传性。通常在不良环境即将到来之前,已经进入滞育。一旦进入滞育的昆虫,即使恢复到适宜环境,也不能进行正常生长发育。

(2)休眠 也是由于不良环境条件直接引起的,但当不良环境消除后,便可恢复生长发育。

8. 拟态和保护色 都是昆虫适应环境的方式之一。

(1)拟态 是昆虫"模拟"其他生物姿态用以保护自己的现象,称为拟态。如枯叶蝶形似枯树叶,菜蛾停息时形似鸟粪等。

(2)保护色 是指一些昆虫的体色与周围环境的颜色极其相似,避免被天敌发现的现象。如蚱蜢、螳螂等昆虫春天多为绿色,秋天为枯黄色。

四、油菜常见害虫重要科目

昆虫纲的分目,各专家意见不一致,少的分为7个目,多则达40个目,但一般分为33个目。现按一般分类系统,简单介绍与油菜虫害防治有关的几个目的主要识别特征。

(一)直翅目

本目包括蝗虫、蟋蟀、蝼蛄等昆虫。全世界已知有30 000多种,我国已记载了1 000余种。

1. 识别特征 体小型至大型。口器咀嚼式。触角多丝状,少数为剑状。前胸大而明显,前翅为覆翅、后翅膜质,臀区发达。后足多为跳跃式,或前足为开掘式。除蝼蛄外其他均具有发达的产卵器和发音器。

2. 生物学特性 直翅目昆虫多为不完全变态。多数生活在地面上,少数栖息于土中。雌虫产卵于土内或土上,有的产于植物组织内。除蝼蛄和蟋蟀外,多数种类白天活动。一般为植食性昆虫。很多为农业上的重要害虫。

3. 重要的科及其种类 为害油菜的重要科为蝗科、蝼蛄科、蟋蟀科等。蝗科主要种类有:黄脊蝗、东亚飞蝗、中华稻蝗等。蝼蛄科主要种类有非洲蝼蛄、华北蝼蛄等。在我国南方多以非洲蝼蛄为主,北方以华北蝼蛄为主。蟋蟀科的主要种类有大蟋蟀和油葫芦2种。通常华南地区以大蟋蟀为主,而华北、华中和西南地区以油葫芦为主要种类。该类昆虫喜鸣好斗,既是观赏昆虫,又是农作物重要的地下害虫。

(二)半翅目

半翅目昆虫通称蝽或椿象。全世界已知38 000多种,我国已记录的种类有3 100多种。

1. 识别特征　半翅目昆虫体小型至大型，坚硬而略偏平。口器刺吸式，喙自头部前下方伸出。触角丝状，4～5节。单眼2个或无。中胸有发达的小盾片。前翅基半部革质，端半部膜质，故称为半翅目。前翅革质部分为革片和爪片，有些昆虫革片又分出缘片和楔片。膜质部分称为膜片，膜片上的翅脉数目和排列方式，均是昆虫鉴定常用特征。很多种类的胸部腹面有臭腺开口，能发出恶臭的气味。

2. 生物学特性　半翅目昆虫为不完全变态。卵多产于植物表面或组织内，不少种类的卵具有卵盖。若虫的臭腺开口于4～6腹节背面，通常每节1对。本目昆虫多数为植食性，刺吸农作物幼枝、嫩叶和果实的汁液。有些种类传播植物病害，吸血蝽还为害人体及家畜。有部分半翅目昆虫为肉食性，捕食昆虫或其他小动物。水生种类捕食蝌蚪、鱼卵及鱼苗。

3. 重要的科及其种类　为害油菜的重要科为蝽科、缘蝽科、长蝽科、网蝽科等。为害农作物的重要科有苜蓿盲蝽、萝卜蝽、菜蝽等。

（三）同翅目

同翅目昆虫包括蝉、蚜虫、叶蝉、飞虱等昆虫。全世界已知45 000多种，我国已知3 000余种。

1. 识别特征　口器刺吸式，从头的后部伸出，喙1～3节。触角刚毛状或丝状。前翅膜质或革质，质地均一，休息时放置背上呈屋脊状。多数种类有蜜管或蜡腺。若虫与成虫相似。卵多为长圆形、肾形等。

2. 生物学特性　不完全变态。生殖方式有两性生殖、孤雌生殖、有性与无性交替生殖、卵生或卵胎生等。多数种类为植食性，生活在植物上刺吸植液，并分泌唾液破坏叶绿素，植物被害处常因褪色出现各种颜色斑点或条纹、虫瘿、畸形等症状。有些蚜虫、叶蝉在刺吸汁液时,还传播植物病毒病。具有蜜管和蜡腺的昆虫,其分泌物不仅污染植表,保护虫体,而且给药剂防治带来一定的困难。有的昆虫具有迁飞的习性,以扩大其分布及为害区域。

3. 重要的科及其种类 为害农作物的重要科有蚜科等。主要种类有甘蓝蚜、萝卜蚜、桃蚜等。

(四) 鞘翅目

本目昆虫通称甲虫,俗称硬壳虫。鞘翅目是昆虫纲中最大的一目,全世界已知 350 000 余种,我国已记载约 18 405 种。

1. 识别特征 成虫体小型至大型,体壁坚硬。口器咀嚼式。触角丝状、鳃片状、棒状、锤状等。前胸发达,前翅鞘翅、后翅膜质。足一般适于步行或奔走,跗节的形状和节数常用于分类。腹部通常 10 节,但由于腹板的愈合或消失现象,通常可见腹板 5 ~ 8 节。幼虫寡足型,一般体狭长,体壁坚硬,口器咀嚼式。卵圆球形或圆形。蛹为离蛹。

2. 生物学特性 一般为完全变态。多数陆生,少数水生。大多数为植食性,可取食植物不同部位,不少种类是农作物的害虫。也有一些种类是肉食性或腐食性,如瓢虫可捕食蚜虫、粉虱、蚧或叶螨;粪蜣螂可用于清除牧场牲畜的粪便,近几年来颇多利用。成虫大多具有趋光性和假死性。

3. 重要的科及其种类 为害油菜的重要科为象甲科、叶甲科等。主要种类有茎象虫、大猿叶甲、油菜叶甲、东方油菜叶甲、黄宽条跳甲、黄直条跳甲、点颏黑跳甲等。

(五) 鳞翅目

本目包括蛾、蝶等昆虫。全世界已知约 200 000 种,我国已知 8 000 余种。

1. 识别特征　体小型至大型，体被鳞毛，故称鳞翅目。口器虹吸式，喙管不用时呈发条状卷曲于头部的下方，触角多为丝状、棒状、羽毛状等。翅膜质，其上覆盖有鳞毛组成的各种斑纹，是分类和鉴定种类的重要依据。腹部10节，腹末几节特化为雌雄生殖器。

幼虫常称毛毛虫，体圆柱形。头部明显，头部前面有一倒“Y”形线，幼虫蜕皮时首先就是沿着这条线裂开，故称为蜕裂线。口器咀嚼式有吐丝器，用以叶丝，如家蚕。腹足多为5对，腹足底面有钩状的刺，称趾钩，其数目、长短和排列情况是分类和鉴定种的主要依据。幼虫体壁上有许多斑纹、线条和毛序等都可作为种类鉴定的特征。

2. 生物学特性　完全变态。成虫一般不为害植物，仅仅取食一些花蜜，对植物的授粉有所助益。但少数吸果夜蛾类，其喙特别，尖端尖锐，能刺破果皮，取食果汁，导致烂果、落果等，造成了一定的危害。幼虫绝大部分是植食性，其为害方式多种多样，有的直接取食植物的叶、花、果实等，有的则蛀入叶、花、果实及树干内部，还有些种类是仓库内储藏产品的害虫。卵多产在幼虫取食的植物上。老熟幼虫多在植物上、土壤中等处化蛹。

3. 重要的科及其种类　为害油菜的重要科为夜蛾科、粉蝶科等。主要种类有甘蓝夜蛾、菜粉蝶、花粉蝶、小菜蛾等。

(六) 膜翅目

本目包括蚁、蜂等昆虫。全世界已知约120 000种，我国已知8 145种。

1. 识别特征　成虫体微小型至大型。口器咀嚼式或嚼吸式。触角形状多变，通常为丝状、膝状等。前、后翅均为膜质，前翅大于后翅，两翅以翅钩列连接，前翅前缘常有1个翅痣。腹部形状多变，通常第一腹节并入胸部；第二腹节呈细腰状，称为腹柄。雌虫多具有锯齿状或针状的产卵器,部分种类的产卵器特化为螫针。幼虫为多足型或无足型。蛹为离蛹,有的用茧或巢保护起来。

2. 生物学特性　完全变态。食性复杂,多数种类为寄生性或捕食性,能消灭部分害虫;有部分种类是重要资源昆虫,能传花授粉、提供蜂蜜和蜂蜡,如蜜蜂等。它们对人类都属于益虫。但少数植食性蜂类,如叶蜂、茎蜂、树蜂和切叶蜂等,取食植物的叶片或钻蛀茎秆,有的还是重要的农业害虫。本目昆虫除两性生殖外,有些为多胚生殖。有些种类昆虫还具有群集性和社会性,种群的形态、大小及生理上均有分化。如蜜蜂、胡蜂和蚁类等。

3. 重要的科及其种类　为害油菜的重要科为叶蜂科等。主要种类有油菜叶蜂、黄翅菜叶蜂等。

(七) 双翅目

本目包括蚊、蝇、虻等昆虫。全世界已知 150 000 种,全球分布。我国已知 9 100 余种。

1. 识别特征　成虫体小型至中型。口器刺吸式或舐吸式。触角形状多变,通常为丝状、具芒状等。仅具有 1 对发达的膜质前翅,故称为双翅目,其后翅特化为平衡棒,在飞行时不用于飞行,只起平衡身体的作用。在蝇类体上,除具有许多细毛外,还有不少较粗大的刚毛,特成为鬃,其排列位置及数目是蝇类分科定种的依据。卵一般为长卵圆形。幼虫为无足形。蛹为围蛹。

2. 生物学特性　完全变态。喜欢潮湿环境。部分种类的幼虫还生活在水中。该目昆虫食性复杂,有些为植食性,幼虫可潜叶、蛀茎、蛀根、为害果实及种子等,它们多是农业上的主要害虫;有些成虫是捕食性或寄生性的,如食虫虻捕食小虫,寄生蝇将卵产在寄主体表、体内或寄主生活场所。再如食蚜蝇幼虫专食蚜虫,它们均为害虫的天敌;有些成虫和幼虫为腐食性,如丽蝇、麻蝇等;还有些成虫吸食人、畜的血液,传播各种疾病,如蚊、蝇、虻等。

3. 重要的科及其种类　为害油菜的重要科为潜叶蝇科等。主要种类有油菜潜叶蝇、美洲斑潜蝇等。

思考题

1. 昆虫纲的主要特征有哪些？

2. 昆虫的口器有哪几类？其构造和为害特点是什么？

3. 昆虫体壁和内部器官与药剂防治有什么关系？

4. 昆虫有哪些生活习性？这些生活习性与防治有什么关系？

5. 油菜害虫的重要科目有哪些？举例指出相对应的油菜害虫。

第四章　油菜病虫害防治原理与方法

一、植物检疫法

植物检疫是根据国家有关部门制定颁布的有关法规或条例控制病虫草害传播、保证农业生产安全的措施。其主要任务是：①禁止危险性有害生物随植物及其产品由国外输入或国内输出，一旦发现必须彻底消灭，阻止其扩散蔓延。②将国内局部发生的危险有害生物封锁在一定地区内。③根据国际惯例和有害生物风险分析，制定合乎我国国情的检疫性有害生物名单。

检疫对象的确定原则是：①严重危害的病、虫。②主要由种苗和农产品调运传播的。③局部地区发生的。检疫的方式有产地检疫、进出境检疫和隔离试种检疫等。

检疫的方法有多种。例如检验种子是否有检疫性病原物可用洗涤检验、过筛检验、比重法检验等。

二、农业防治法

农业防治是利用农业技术措施防治虫害的方法，是病虫害综合防治的基础。农作物病虫害作为农田生态系统的一个组成部分，农田环境中任何其他组成部分的变动都可能影响其发生。在整个农事操作过程中，有目的地创造有利于作物生长发育、不利于害虫发生发展的环境条件，有可能抑制或消灭病虫害。

(一) 选用抗病虫品种

利用抗性品种是一种控制病虫害的重要措施。这种措施安全、经济、有效。例如,防治油菜病毒病和霜霉病,可选用抗病性强的甘蓝型油菜或甘蓝型油菜的某些品种。但是,抗病品种的抗病力也不是永远不变的,它可因品种的混杂、杂交、突变等原因而丧失抗病性。另一方面,病原物致病力的变化也可使抗病品种的抗病性发生变化,使抗病品种逐渐丧失抗性。因此,在品种布局上,要实行品种搭配种植,避免大面积单一种植某一抗病品种而使品种抗病性发生退化。

(二) 轮 作

轮作不但可以减少土壤中病原物的数量,还能调节地力,促进土壤拮抗性微生物的活动,增加抑制病原物的能力。采用油菜与水稻轮作可减轻油菜菌核病和地下害虫的发生;在旱地,可采用与大、小麦轮作的方式减轻油菜病害。轮作的年限要根据病原物在土中存活时间的长短和当地的作物布局,一般是 2~3 年。

(三) 选用无病虫种苗

播种带有病原物的种子或移栽带病的幼苗是导致病害发生的原因之一。种子内外均可以带菌,油菜黑斑病、白斑病、白锈病、黑腐病等都可以通过种子传播。油菜菌核病菌的菌核可以混杂在种子间随油菜播种进入土壤,引起病害。因此,杜绝种子传播病害的最好方法是建立无病留种田,或从无病株采种。

(四) 改进栽培措施与田间卫生

包括适时播种、避免过度密植、改善水肥管理。为降低田间湿度,应做到厢沟排水通畅,保证田间不积水。施肥应做到氮、磷、钾配合施用,避免偏施氮肥而降低作物抗病性。及时清除油菜残枝落叶,能有效控制油菜菌核病。

三、生物防治法

生物防治是利用自然界各种有益生物或生物的代谢产品来控制病虫害的方法。生物防治高效、经济、安全,同时不污染环境,能达到较长时间的控制效果。与农业、化学、物理防治等结合成综合防治体系,效益更好。主要有以下几条途径。

(一)利用天敌昆虫防治虫害

保护并促使天敌昆虫自然种群的增长,以加大对害虫的自然控制能力。保护天敌昆虫的方法有多种多样。

1. 保护利用本地的天敌昆虫 通过改善或创造有利于天敌的环境,促进种群增长。主要措施有:帮助天敌安全越冬、为天敌补充食料、人工保护天敌、人工助迁、合理施用灭虫农药等。

2. 天敌昆虫的繁殖释放 通过在室内人工繁殖天敌昆虫,在害虫暴发前释放,达到控害目的。如繁殖释放赤眼蜂、平腹小蜂、金小蜂、丽蚜小蜂、草蛉、食虫瓢虫等。

3. 引进外地的天敌昆虫 从国外或外地引进针对本地重要害虫的天敌昆虫,达到控制本地害虫的效果。

(二)利用微生物控制虫害

对能抑制或杀灭害虫的病原微生物进行大量繁殖,来控制虫害。利用的途径有以下几种。

1. 细菌 以用苏云金杆菌最普遍,主要防治鳞翅目害虫的幼虫。还可用日本金龟子杆菌防治日本金龟子。

2. 真菌 以用白僵菌和绿僵菌最普遍。可用的还有汤氏多毛菌、虫霉、莱氏蛾霉、轮枝菌等。还可用浅灰链霉菌杭州变种的代谢产物杀蚜素,防治橘芸锈螨、橘全爪螨、棉朱砂叶螨、苹果全爪螨及棉蚜等。

3. 昆虫病毒　已应用的主要有核多角体病毒、颗粒体病毒及质多角体病毒。其特点是寄主专一性强;在自然界滞留时间长,常能引起害虫流行病,但现仍须通过活体繁殖,不易大量生产。

4. 线虫　以斯氏线虫科、异小杆线虫科和索线虫科为主。能寄生多种害虫,一般能大量繁殖。

(三)利用微生物及其代谢产品防治病害

1. 利用微生物的重寄生作用　如在油菜上利用盾壳霉和木霉寄生油菜菌核病菌菌核的菌丝,使其菌丝溶解、死亡,可以减轻病害的发生。另外,对寄生性种子植物菟丝子,也可以利用一种炭疽病菌(鲁保 1 号)感染菟丝子,使菟丝子枯死。

2. 利用代谢产物的抗菌作用　如广泛使用的抗生素井冈霉素、春雷霉素等。

3. 利用微生物的竞争作用　如枯草芽孢杆菌占领软腐病的位点,使后者难以侵入而达到保护作物的效果。

4. 利用微生物的交叉保护作用　如用弱毒的番茄花叶病毒接种后可防治弱毒株系的侵染。

(四)利用其他有益生物防治虫害

如利用蜘蛛、螨类、鸟类、青蛙等天敌进行防治。

四、物理机械防治法

物理机械防治是利用各种物理因子,人工或器械防治虫害的方法。包括最简单的人工捕杀直至应用近代新技术直接或间接捕灭害虫,或破坏害虫的正常生理活动,或使环境条件变成不能为害虫接受和容忍的程度。

(一)人工机械防治

利用人工或简单器械汰选或捕杀害虫。如围打有群集习性的蝗蝻,振落有假死习性的金龟甲,用铁丝钩杀天牛幼虫,用拉网捕杀小麦吸浆虫或草地螟,用拍板或竹梳捕杀稻苞虫,摘除虫果,冬季或早春刮除果树老皮消灭越冬害虫等。用筛选、风选,除去混杂在种子间的病原物,如除去油菜菌核病菌的菌核,除去油菜寄生性菟丝子的种子。也可利用清水、盐水选种,汰除种子间的病原物。

(二)诱杀法

利用害虫趋性或其他生活习性诱集,然后集中处理。也可结合用化学毒剂诱杀。

1. 灯光诱杀 利用害虫对光的趋性,采用黑光灯、双色灯或高压汞灯结合诱集箱、水坑或高压电网诱杀害虫。利用黄皿、黄板诱蚜测报和防治蚜虫及温室粉虱。银色反光物则可以避蚜。

2. 食饵诱杀 利用害虫对食物气味有明显趋性,通过配制适当的食饵,可以利用这种趋化性诱杀害虫。如诱蛾器皿内置糖、醋、酒液或性外激素和适量杀虫剂,可诱杀多种夜蛾科害虫。

3. 潜所诱杀 利用害虫具有选择特殊环境潜伏的习性诱杀害虫。如田间插放杨柳枝把诱集棉铃虫。

(三)温控法

有害生物对环境温度均有一个适应范围,过高或过低,都会导致有害生物的死亡或失活。温控法就是利用高温或低温来控制或杀死有害生物的一类物理防治技术。最常用的方法是温汤浸种。以杀死种子内部和外部的病菌。温汤浸种要求处理的温度和时间以不损害种子发芽率又能杀死病原物为原则。例如，用 50℃温水浸种 5 分钟可用来防治油菜炭疽病。在温室和苗床土壤中用 80℃～90℃蒸汽处理 30～60 分钟可以杀死土壤中的绝大部分病原物。

(四) 阻隔法

阻隔法是根据有害生物的侵染和扩散行为，设置物理性障碍，阻止有害生物危害或扩散的措施。果实套袋阻止果实害虫产卵为害；树干涂胶或包扎塑料薄膜阻止树木害虫上树为害或下树越冬；树干刷白阻止天牛产卵；利用虫体与谷粒大小和比重的不同，采取过筛或用风扇使粮、虫分离。

(五) 辐射法

辐射法是利用电波、γ 射线、X 射线、红外线、紫外线、激光、超声波等电磁辐射进行有害生物防治的物理防治技术，包括直接杀灭和辐射不育。

五、化学防治法

化学防治是利用各种来源的化学物质及其加工品，将有害生物控制在经济危害水平以下的防治方法。主要是通过开发适宜的农药品种，并加工成适当的剂型，利用适当的机械和方法处理作物植株、种子、土壤等，来杀死有害生物或阻止其侵染危害。

(一) 用药方法

1. 喷雾法　用压力(液压或气压)或离心力使药液通过适当的机械部件分散成为雾珠。根据雾化的程度和单位面积喷雾量，分为以下几种。

(1)高容量喷洒法(HV)　每公顷喷雾量500升以上,雾滴直径在200~1 000微米;

(2)低容量喷洒法(LV)　每公顷喷雾量5~50升,雾滴直径100~300微米;

(3)超低容量喷洒法(ULV)　每公顷喷雾量小于5升,雾滴直径50~80微米。喷雾法的药液在植物上的沉积率和回收率高于喷粉法,特别是低容量和超低容量的细喷雾,沉积率和回收率很高。

2. 烟雾法　药剂经过适当的方法而分散成气溶胶的状态,称为烟雾。烟和雾本是固体微粒和液体微粒分别在大气中的气溶胶态高分散系。农药中的烟和雾,往往是液态和固态微粒混存,所以统称为烟雾。根据制备方法的不同,烟雾的细度可达0.01~1微米(燃烧法烟剂)或1~20微米(分散法雾剂)。烟雾法受气流的影响较大。通常在特定的空间如仓库、温室、塑料大棚或森林、果园等郁闭良好的地方使用,可取得较好的效果。烟雾的运动扩散能力很强,飘移距离很远,大田使用时应选择地面形成逆温条件(多在傍晚和早晨)和掌握烟雾的流动规律(风向、风速),并严格选择农药品种。

3. 喷粉法　固态农药粉碎到一定细度(一般应通过250目以上的筛网)成为粉剂,用喷粉器械进行喷撒。超筛网目的粉粒(即粒径细于44微米的粉粒)能更好地发挥药效。由于喷粉法的粉粒飘移散失现象比较严重,使用范围已显著缩小。

4. 熏蒸法　根据使用地点和条件,有仓库熏蒸、帐幕熏蒸、减压熏蒸(真空熏蒸)、土壤熏蒸等。使用时,都应有适当的密闭条件以保持熏蒸剂的气体浓度,防止有毒气体逸入大气中。粮食防虫和港口检疫处理中使用熏蒸法较为普遍。

5. 拌种和浸种　用药粉拌在种子表面和用药水浸泡种子,对种子进行保护和消毒。苗木有时也采用浸苗。内吸性农药的使用扩大了拌种和浸种的使用技术。用内吸性农药颗粒剂与种子同时施入土壤，种子可在较长时间内吸收药剂而对地上部害虫产生杀伤作用。把1种或多种农药与黏合剂混合后涂布在种子表面，形成药膜或药壳，称为种衣法。药壳种衣可改变种子外形，使表面粗糙的种子获得光滑的外壳，从而便于机械播种。此外还有植物茎秆处理（包扎、涂茎、刷白、注射）、设置防虫药带、稻田深层施药等方法。近年随着地膜的发展和利用，已能把某些农药涂布在地膜上，使地膜兼具抑制土中病虫害和杂草的功效。农药的多品种使用，发展甚快。混配制剂可兼治多种病、虫及杂草，减少喷次，可防止或延缓病菌、害虫对一种农药产生抗药性。某些药剂的混配，可产生增效作用。

（二）农药种类

农药是植物化学保护上使用的化学药剂的总称。

1. 杀虫剂 杀虫剂是指能直接杀死昆虫的化学物质。作用方式通常包括触杀、胃毒、内吸、熏蒸、忌避、拒食等。触杀作用是指药剂与虫体接触后，通过穿透作用经体壁进入体内或封闭昆虫的气门，使昆虫中毒或窒息死亡。胃毒作用是指害虫取食药剂后，随同食物进入害虫消化器官，被肠壁细胞吸收后进入虫体内引起中毒死亡。内吸作用是指农药施到植物上或施于土壤里，可被植物枝叶或根部吸收，传导至植株的各部分，害虫（主要是刺吸式口器害虫）取食后引起中毒死亡。实际上，内吸性杀虫剂的作用方式也是胃毒作用，但内吸作用强调该类药剂具有被植物吸收在体内传导的性能，因而在使用方法上，如根施、涂茎，可以明显不同于其他药剂。熏蒸作用是指药剂由液体或固体气化为气体，以气体状态通过害虫呼吸系统进入虫体，使之中毒死亡。拒食作用是指农药被取食后，造成害虫正常生理功能的破坏，引起厌食和饥饿死亡。忌避作用是指一些农药挥发的气体分子，在一定范围内刺激害虫的嗅觉器官使之逃离现场的一种非杀死保护作用。

按杀虫剂的化学成分可将其分为无机杀虫剂和有机杀虫剂。无机杀虫剂如砷酸钙、砷酸铝、亚砷酸和氟化钠等,由于其残留毒性高、防效较低,目前已较少使用。有机杀虫剂按其来源又分为天然有机杀虫剂和人工合成的有机杀虫剂。天然有机杀虫剂包括植物性(鱼藤酮、除虫菊、烟草等)和矿物性(如矿物油等)2类。它们分别来源于天然植物和矿物,天然植物目前开发的品种较少。人工合成有机杀虫剂种类繁多,按其化学成分又可以分为有机氯类杀虫剂、有机磷类杀虫剂、氨基甲酸酯类杀虫剂、拟除虫菊酯类杀虫剂、沙蚕毒素类杀虫剂和有机氮类杀虫剂等。

2. 杀菌剂 用于防治植物病害的农药,是一类能够杀死病原生物,抑制其侵染、生长和繁殖,或提高植物抗病性的农药。杀菌剂主要是影响孢子萌发、菌丝生长、附着细胞和子实体的形成,导致细胞膨胀、原生质体和线粒体的瓦解、细胞壁和细胞膜的破坏,以及刺激植物产生抗病反应等。

杀菌剂按作用方式分为保护性杀菌剂、治疗性杀菌剂和铲除性杀菌剂等。保护性杀菌剂主要是在病原体侵入植物体以前,消灭和减少病原体对植物体的侵染。例如,土壤和病原体越冬场所的施药处理、种子和幼苗的施药处理、在田间未发病而可能受到感染的植物的施药处理等。内吸杀菌剂则可以被植物吸收并可以在植物体内传导而杀死或抑制进入体内的病原物。杀菌剂的使用方法有:种苗处理(包括浸种,拌种,或作为种衣剂);土壤消毒,消毒方法可用药剂进行穴施、沟施、浇灌;植株喷药可用喷雾和喷粉,一般以喷雾法最为普遍。使用保护性杀菌剂时,如果喷药后即下雨,雨后应重喷,喷出的雾点越细越好,在药液中加入黏着剂可增加药剂的附着力,可提高防治效果。化学杀菌剂的种类很多,绝大部分是合成的有机杀菌剂。由天然矿物原料制成的无机杀菌剂有波尔多液、石硫合剂。有机杀菌剂有:有机硫杀菌剂(如代森锌、代森锰锌、福美双、敌克松等)、有机磷杀菌剂(如乙膦铝)、有机氯杀菌剂

(如五氯硝基苯、百菌清、敌菌灵等)、取代苯类杀菌剂(如甲霜灵、甲基托布津等)、杂环类杀菌剂(多菌灵、粉锈灵等)、农用抗菌素(如农用硫酸链霉素)。

3. 除草剂　用来毒杀和消灭农田杂草和非耕地里绿色植物的一类农药。除草剂主要通过抑制杂草的光合作用、破坏植物呼吸作用、抑制生物合成作用、干扰植物激素平衡以及抑制微管和组织发育等发挥作用。

除草剂类型按其有效成分的化学结构分为无机除草剂和苯氧羧酸类、二苯醚类、酰胺类、均三氮苯类、取代脲类、苯甲酸类、二硝基苯胺类、氨基甲酸酯类、有机磷类、磺酰脲类、杂环类等有机除草剂;按其对植物作用的性质分为选择性除草剂和灭生性除草剂;按在植物体内的输导性分为内吸传导型除草剂和触杀型除草剂;按使用方法分为土壤处理剂和茎叶处理剂。

4. 杀线虫剂　杀线虫剂是毒杀线虫的农药。许多杀线虫剂也是杀虫剂和杀菌剂,有的也是除草剂。早期使用的氯化苦、溴甲烷、滴滴混剂就是对地下害虫、病原菌和线虫都有毒杀作用的药剂;棉隆,既能杀线虫,也能杀虫、杀菌和除草。

按照化学结构主要可分为以下几类。

(1)卤化烃类杀线虫剂　在生产上使用较早的杀线虫剂。包括有滴滴混剂、溴甲烷、氯化苦、二溴乙烷和二溴丙烷等。这类杀线虫剂具有较高的蒸汽压,多是土壤熏蒸剂,通过药剂在土壤中扩散,直接毒杀线虫。由于其有对人毒性大和田间用量多等缺点,这类杀线虫剂的发展受到限制。二溴氯丙烷经动物试验有慢性毒性,故1977年在美国首先被禁用。

(2)硫代异硫氰酸甲酯类杀线虫剂　这类杀线虫剂能释放出硫代异氰酸甲酯,即释放出氰化物离子使线虫中毒死亡。主要品种有威百亩、棉隆。

(3)有机磷类杀线虫剂　这是发展较块、品种较多的杀线虫剂。线虫对这类化合物一般较敏感。其作用机制是胆碱酯酶受到抑制而中毒死亡。不少品种有内吸作用,有的则表现为触杀作用,共同特点是杀线虫谱较广,并且在土壤中很少有残留,是目前较理想的杀线虫剂。主要品种有丙线磷、除线磷、丰索磷、胺线磷等。

(4)氨基甲酸酯类杀线虫剂　这是在生产中使用较多的一类杀线虫剂。主要有涕灭威、克百威。均为高毒、广谱性杀线虫剂,也是重要的内吸杀虫剂。其作用机制主要是损害神经活动,减少线虫迁移、侵染和取食植物,从而可减少线虫的繁殖和为害。

5. 植物生长调节剂　这是人工合成的具有天然植物激素活性的物质。应用范围可分矮化防倒、促进生长发育、细胞分裂、乙烯释放、生长素传导抑制、生长延缓、生长抑制等方面。

按化学结构分类,可分为吲哚类、萘类、苯氧乙酸类、腺苷衍生物、芴－9－羧酸衍生物、季胺盐、取代脲类、内酯、肼类衍生物、磷类、酚类、乙烯及乙烯释放剂、烷酯类、三唑类、嘧啶类等。按作用方式可分为生长素类、赤霉素类、细胞分裂素类、乙烯释放剂、生长素传导抑制剂、生长抑制剂、油菜素内酯等。

思考题

1. 油菜病虫害防治有哪些方法?

2. 植物检疫的主要任务有哪些? 检疫对象的确定原则是什么?

3. 什么是农业防治法? 农业防治可采取哪些方法?

4. 生物防治有什么优点? 主要有哪些途径?

5. 农药种类有哪些? 其用途有何不同?

6. 杀虫剂和杀菌剂的作用方式有哪些?

第五章　油菜病害种类及防治

一、油菜菌核病

油菜菌核病是我国油菜种植的重要病害，油菜产区均有发生。长江中下游和东南沿海等地的冬油菜产区是油菜菌核病的重病地区。此病一般年份发病率为10%～30%，流行年份达80%。可导致减产10%～70%，含油量下降1%～5%。

【症　状】　此病在油菜各生育期均可发病。发病幼苗茎基部和叶柄形成红褐色斑点，后转为白色，组织湿腐，上面长出白色絮状菌丝，病斑绕茎一周后，幼苗死亡，病部可形成许多黑色菌核。成株期叶片多从下边老叶开始发病，最初叶片上产生暗青色水渍状斑点，后变成圆形或不规则形病斑，病斑中央灰褐色或黄褐色，边缘淡黄色。有时病斑有轮纹，干燥时病斑易破裂穿孔。潮湿时病斑迅速扩大，可使全叶腐烂，腐烂部长出白色絮状菌丝。茎秆及分枝发病初期先产生水渍状黄褐色病斑，病斑扩大后呈长椭圆形或长条形，病斑稍凹陷，中部白色，病、健组织分界明显。湿度大时，病部表面产生白色絮状霉层。病茎秆和分枝可成段变白。病茎皮层腐烂，纤维外露。剥开病茎，茎内有许多鼠粪状菌核。病株常早熟枯死。花瓣感染后产生水渍状无光泽的病斑，病斑以后呈苍白色，易脱落，潮湿时病花瓣迅速腐烂。角果病斑水渍状，后变白，湿度高时病角果呈湿腐状，上面产生白色菌丝，以后角果内外均可形成菜籽大小的菌核。种子发病表面粗糙，籽粒多为瘪粒，少数籽粒外面还布满白色菌丝体。

【病　原】　油菜菌核病菌是一种真菌，属于子囊菌亚门盘菌类的核盘菌。病菌的菌丝生长后期，相互缠绕形成菌核。成熟菌核黑色，鼠粪状，圆形或不规则形。菌核抗干旱和抗低温力强，但在水淹情况下约1个月即腐烂。菌核萌发产生子囊盘柄，顶端形成子囊盘。每个菌核可产生1个至多个子囊盘，子囊盘上形成子实层，由子囊和侧丝组成。子囊棍棒状，内有8个孢子。菌核也可产生菌丝。病菌可侵染64科396种植物。病菌常可侵染十字花科的甘蓝、白菜、萝卜，菊科的莴苣、向日葵，豆科的蚕豆、豌豆、大豆，伞形花科的胡萝卜和茄科的茄子等。

【发病规律】

1. 病害循环 病菌以菌核在土壤及残体中越夏(冬油菜区)和越冬(冬、春油菜区)，也可以夹杂在种子中越夏或越冬。油菜播种时，混杂在种子和病残体中的菌核(用有菌核的病残体沤肥)随播种、施肥进入土壤，10~12月份，在较温暖湿润地区，菌核可萌发产生子囊孢子，或直接萌发为菌丝，以子囊孢子或菌丝侵染幼苗，严重时引起幼苗死亡。大多数地区，菌核在土中越冬后，翌年2~4月份，当旬温度高于5℃时，菌核开始萌发，产生子囊孢子，成为最重要的初次侵染来源。我国北方油菜产区菌核多半在3~5月份萌发，产生子囊孢子。子囊孢子随气流传播，可远至数千米。子囊孢子落在油菜花瓣和衰老叶片上，萌发产生侵入丝，直接从表皮或从伤口、自然孔口侵入。病菌侵入植物组织后，分泌果胶酶和纤维素酶，瓦解寄主细胞，使植物组织腐烂死亡。在田间，脱落的病花瓣落到叶或黏附在茎及分枝上，花瓣上的菌丝可蔓延至叶或茎，引起发病。如腐烂的病叶接触到茎秆，也可引起茎秆发病。至生长后期病菌可在病油菜茎内(少数在茎表面)、角果内产生菌核。

2. 影响发病的因素

(1)越夏越冬菌核的数量 包括在土壤、病残体和夹杂在种子间的菌核数量越多，发病越重；反之则轻。

(2)气候条件 与发病关系最密切的是雨量。在长江流域冬油菜区，如油菜开花期，旬降水量大于50毫米，则病害重；在30毫米以下，发病轻；若低于10毫米，病害很少发生。温度可影响病害发生的早晚。长江流域春季的低温、寒潮对油菜生长发育不利，而有利于菌核萌发产生子囊孢子，传播侵染。

(3)栽培条件　偏施氮肥、田间排水不良、植株密度过大或倒伏、田间湿度大，可加重病害发生。

【防治方法】

1. 轮作　实行油菜与水稻轮作可显著减轻病害。在旱地，可实行油菜与小麦、大麦等禾本科作物轮作2年，以减少田间菌源。

2. 选留无病种子及种子处理　选留无病植株主轴种子，保证种子不带菌核。一般生产用种子经风选后，过筛去掉菌核，再用10%盐水选种，淘汰浮于水面的病种子和菌核，然后用清水洗净，晾干播种。也可用50℃温水浸种10～20分钟，晾干播种。

3. 合理施肥　重施基肥和苗肥，早施或控施蕾薹肥，避免偏施氮肥。要配合施用磷、钾肥及硼、锰等微肥。使油菜苗期健壮，花期茎秆坚硬，不易倒伏。不施混有菌核的病残体沤制的而又未充分腐熟的肥料，防止传播病害。

4. 窄畦深沟　窄畦和挖深沟有利于排除田间积水，降低小气候湿度，减轻病害发生。

5. 中耕松土　对连作地和上一年种油菜本年种其他作物的旱地中耕松土1～2次，可铲除和掩埋大量菌核萌发的子囊盘。

6. 摘除老、黄叶　盛花期至终花期，叶片普遍发病时，对中下部老叶、黄叶进行1～3次摘除，并将摘除的老、黄叶清除田外。

7. 药剂防治　药剂防治应在油菜初花期和盛花期各施药1次(如有田间预报资料更好)。可选用下列药剂：①40%菌核净可湿性粉剂800～1 000倍液。②50%甲基硫菌灵可湿性粉剂500倍液。③50%多菌灵可湿性粉剂500倍液或80%多菌灵超微粉剂1 000倍液。④50%乙烯菌核利可湿性粉剂1 000倍液。以上药剂一般每7~10天喷1次，可喷2~3次。

8. 生物防治 利用半知菌亚门真菌盾壳霉和木霉防治菌核病已有较多试验，其培养物防效可达40%以上。

二、油菜病毒病

油菜病毒病又称花叶病、毒素病。在我国油菜产区均有发生。一般冬油菜产区比春油菜产区发病重。冬油菜产区重病年份可减产20%~30%。

【症　状】 不同类型油菜发病症状分别是：甘蓝型油菜是在叶片上出现黄斑、枯斑。黄斑型油菜是在苗期叶片上产生淡黄色或橙黄色近圆形的斑点，病斑较大，病、健部分界明显，病斑中央有褐色枯斑；抽薹期新生叶先产生系统性褪绿小斑点，看上去似"花叶"状，以后斑点呈黄色或黄绿色，斑点背面中央出现很小的褐斑。枯斑型油菜是在苗期叶片上病斑较小，淡褐色，略凹陷，中心有一黑点，有的叶脉、叶柄也产生褐色枯死条纹；病株茎上产生黑褐色、长短不一的条斑，条斑可上下发展成长条形枯斑，后期病斑可纵裂，条斑如连成片可使油菜半边或全株枯死。白菜型油菜苗期发病时，最初叶片上出现"明脉"，以后叶脉间逐渐褪绿呈"花叶"症状，严重时叶片皱缩，重病株常在越冬期死亡。

【病　原】 油菜病毒病是由病毒引起的病害。已知有4种病毒，即芜菁花叶病毒、黄瓜花叶病毒、烟草花叶病毒和油菜花叶病毒，以芜菁花叶病毒占绝大多数。芜菁花叶病毒的粒体呈线形，钝化温度为55℃~65℃，稀释终点1:1 000~5 000，体外保毒期3~6天。这种病毒属于非持久性病毒。芜菁花叶病毒除感染油菜外，还可侵染多种十字花科作物及菊科、蓼科、豆科、茄科等作物。

【发病规律】

1. 病害循环 油菜苗期病毒的初次侵染主要来自油菜田周

边早播的十字花科蔬菜及杂草等。有的毒源还可来自油菜自生苗。春油菜产区病毒还可来自温室、塑料大棚、阳畦栽培的十字花科蔬菜及十字花科留种株。病毒通过蚜虫传毒,桃蚜、萝卜蚜、棉蚜、菜缢管蚜均可传毒。蚜虫在上述发病蔬菜、杂草等植物上吸毒后,迁飞到油菜上吸食,就可将病毒传播到油菜上。以后蚜虫在油菜上迁移,取食的同时,可不断引起再侵染,使病害在田间扩大蔓延,一般在油菜开花期达到最高峰。冬油菜收获后,病毒又传至越夏寄主,秋季,越夏寄主上的病毒再由蚜虫传播到油菜上。一般认为,种子、土壤和病残体在病害传播中作用不大。

2. 影响发病的因素 苗期进入油菜田的蚜虫数量、气候和栽培条件,以及品种都可影响病害的发生。9 月至 11 月下旬,是长江流域冬油菜苗期阶段,有翅蚜从毒源植物迁入油菜田,迁入时间越早、数量越多,则发病越早、越重;反之,则发病轻。气候条件影响蚜虫的迁飞和病毒病的潜育期。一般适宜有翅蚜产生和迁飞的温度为 15℃~20℃,空气相对湿度低于 78%。温度过高或过低、湿度过大或降水,均会影响蚜虫的迁飞和繁殖,从而影响病害发生的严重程度。病害发生的严重程度与气温、空气相对湿度和降水量也有关。有资料表明,在冬油菜产区一些地区,油菜自出苗后 1 个月,月平均气温 16℃~19℃,空气相对湿度 77%以下,月降水量少于 35 毫米,油菜病毒会严重发生。播种期早、晚也影响发病。一般早播发病重,晚播发病轻。不同类型的油菜抗病性有差异,以甘蓝型油菜抗性较强,白菜型油菜多数品种感病。

【防治方法】

1. 选用丰产抗病品种 甘蓝型油菜较芥菜型、白菜型油菜抗病性较强,且产量高,在重病区应尽量推广甘蓝型油菜。由于品种抗病性差异也很明显,可选用抗病性强、适宜本地栽培的品种。

2. 调整播种期 在不影响产量的情况下,适当推迟播种期,可适当避开秋季迁飞进入油菜田的蚜虫的高峰期,减轻病害发生。

在长江流域和东南沿海，甘蓝型油菜以9月下旬以后播种为宜，白菜型油菜则宜在10月份播种。

3. 防治蚜虫 蚜虫是传播病毒的重要昆虫，而且为害油菜。所以应及时喷药杀死蚜虫。但带毒蚜虫进入油菜田，立即可以传毒，这时，即使杀死了蚜虫，病毒已侵入油菜体内，所以应尽量预防和减少蚜虫进入油菜田，尽早喷药杀灭油菜田周边杂草和毒源植物上的蚜虫。在苗床和油菜田苗期，可用银灰色或乳白色农膜，放置在苗床和菜田，驱避蚜虫。

发现蚜虫要及时喷药，一般5～7天喷1次，可连续喷药多次。治蚜可选用下列药剂：①40%乐果乳油1000～1500倍液。②50%灭蚜净4000倍液。③2.5%敌杀死乳油2500倍液。④10%蚍虫啉可湿性粉剂1000～2000倍液。

4. 喷施抗病毒剂 发病初期选择喷施下列药剂：①0.5%抗毒丰菇类蛋白多糖水剂300倍液。②1.5%植病灵乳剂1000倍液。③10%病毒王可湿性粉剂500倍液。④0.5%抗毒剂水剂300倍液。每隔7～10天喷1次，连喷2～3次。

5. 加强油菜苗期管理 早施苗肥，不偏施氮肥，及时浇水，注意及时拔除病苗、弱苗，使幼苗生长健壮，提高抗病力。

三、油菜霜霉病

油菜霜霉病在我国各油菜产区均有发生，以长江流域及沿海冬油菜产区和西北春油菜产区发病较重。

【症　状】 油菜整个生育期都可发病。病菌可危害油菜的叶、茎、花和角果。叶片发病时一般由植株的底叶逐渐向上部叶片发展蔓延。叶片上最初出现淡黄色斑点，以后扩大成为黄褐色大斑，由于受叶脉限制，病斑常呈现多角形或不规则形，湿度大时病斑背面产生白色霜霉状物，严重发病时，叶片枯死。茎秆及分枝发病时，最初出现褪绿斑点，逐渐扩大为黄褐色斑点，湿度高时，病斑上长出白色霜霉状物。花序发病，病部褪绿，扩大为不规则形黄褐色斑，病斑上也产生霜霉状物。花梗发病，有时肥肿，花器变绿，花梗呈“龙头”状，上面布满白色霜霉状物。角果发病时也产生淡黄色斑点，病斑上有霜霉状物。

【病　原】　油菜霜霉病病菌是一种真菌，属于鞭毛菌亚门霜霉菌的寄生霜霉。病组织上的白色霜霉状物是病菌的孢子囊梗和孢子囊。孢子囊球形至卵形，单细胞。卵孢子多产生在油菜枯死的组织中，尤以枯死的病叶叶脉的两侧和“龙头”的皮层内最多。卵孢子球形，黄褐色，厚壁，外表光滑或稍带皱纹。

【发病规律】

1. 病害循环　冬油菜收获时，病叶、花梗的“龙头”等病残体内的卵孢子可随病残体一起落入土壤中越夏，如病残体沤肥而未充分腐熟，卵孢子可在肥料中存活越夏，施入农田时，也可使土壤带菌。卵孢子还可混杂在种子中或病菌以菌丝潜伏在种子内越夏。春播油菜，卵孢子则在上述场所越冬。秋季或春季，油菜播种出苗后，卵孢子萌发后侵染幼苗，潜伏在种子内的菌丝进入幼苗组织引起发病，产生孢子囊，随风雨传播进行再侵染。入冬后，秋播冬油菜，由于冬季温度低，此时病菌菌丝潜伏在病叶中越冬。春季，气温升高时，病叶中的菌丝体又开始发育，产生孢子囊，在田间传播侵染，再侵染可多次发生；油菜成熟前，病组织内的菌丝产生卵孢子或感染种了；油菜收获后，病菌又在越夏场所越夏。春播油菜秋收后，卵孢子和菌丝则在越冬场所越冬。

2. 影响发病的因素　一般轮作，尤其水旱轮作，可以减少土壤中的菌量，发病较轻；连作则病害重。肥料和田间地势也影响发病。偏施氮肥或施用过迟，造成油菜徒长，田间郁闭，湿度大。田间地势低、积水，株间湿度大，均可加重病害发生。春季雨水多，昼夜温差大，露水多，也有利于霜霉病流行。不同油菜抗病性不同，以白菜型油菜发病最重。早播的白菜型油菜比晚播的发病重。

【防治方法】

1. 轮作 与水稻或与大、小麦轮作1~2年。

2. 栽培抗病品种 尽量种植甘蓝型品种。白菜型油菜发病较重,选用时要慎重。

3. 选留无病种子及种子处理 收获前选留无病种子,播种前用10%盐水选种,淘汰病种、瘪种,选出的种子用清水漂洗后晾干播种。也可用35%瑞毒霉按种子重量的1%拌种。

4. 加强栽培管理 施足基肥,增施钾肥,使幼苗生长健壮。注意清沟排渍,降低田间湿度。适当迟播。均可减轻病害。

5. 药剂防治 当初花期病株率达到20%时开始喷药,每隔7~10天喷1次,共喷2~3次。喷药重点应是白菜型油菜,尤其是早熟品种。可以选用以下药剂:①40%霜疫灵可湿性粉剂150~200倍液。②75%百菌清可湿性粉剂500倍液。③64%杀毒矾M8可湿性粉剂500倍液。④58%甲霜灵锰锌可湿性粉剂500倍液。⑤25%甲霜灵可湿性粉剂600倍液。⑥80%乙膦铝可湿性粉剂400~500倍液。

四、油菜白锈病

油菜白锈病在我国各油菜产区均有发生,以上海、江苏、浙江、云南、贵州、青海等地发病较重。

【症　状】 油菜白锈病在油菜整个生育期均可发病。发病叶片上初生淡绿色小点,逐渐转为黄色,黄斑背面长出稍凸起的白色泡斑。泡斑有光泽,严重时病叶长满泡斑。泡斑破裂后散出白粉,病叶往往枯黄脱落。花轴和幼茎发病肿大呈"龙头"状,表面有白色泡斑。病花瓣肥厚,呈叶状,绿色,不结实,病部有白色泡斑。病角果表面也长出白色泡斑。

【病 原】 油菜白锈病菌是一种真菌,属于鞭毛菌亚门的白锈菌。病部的泡斑是病菌的孢囊梗和孢子囊。孢囊梗棍棒状,呈栅状排列在病表皮下。孢子囊呈串状着生在孢囊梗的顶端。卵孢子球形,黄褐色。

【发病规律】 病菌以卵孢子在病残体、土壤中或在种子上越夏或越冬。油菜播种出苗时,卵孢子萌发,产生游动孢子,随雨水溅到叶上,引起初侵染。初侵染发病后,病斑上产生孢子囊,经风雨传播,引起再侵染。冬季病菌以菌丝在病株内越冬,翌年春季,气温升高,病组织内的菌丝又产生孢子囊,传播进行再侵染。若冬季温度偏高,翌年春季2~3月份温度回升缓慢,或春季出现倒春寒,削弱油菜的抗病力,则病害出现早、易流行。2~4月份,如降水多而量大、田间湿度高,病害也易流行。连作地或前作为十字花科蔬菜,由于土壤菌源量大,发病重;前作为水稻,土壤中的病菌大部分死亡,发病轻。早播油菜比适期晚播的油菜发病重,偏施氮肥和低洼潮湿的油菜田发病重。

【防治方法】

1. 轮作 与水稻或大、小麦轮作1~2年,可减轻病害发生。

2. 选用抗病品种 各地可选择适合当地栽培的抗病品种。

3. 选留无病种子或种子处理 选无病株留种。一般种子播种前可用10%盐水选种,选出的种子用清水漂洗后晾干播种。

4. 栽培管理 合理施肥,施基肥时注意配施磷、钾肥,不偏施氮肥,重施苗薹肥,防止油菜徒长。整窄畦,挖深沟,防止田间积水。摘除下部老、病叶和发病花轴、幼茎长出的"龙头"烧毁。

5. 药剂防治 在始花期叶面病斑较多时开始喷药。可以选用以下药剂:①58%甲霜灵锰锌可湿性粉剂500倍液。②65%甲霜灵可湿性粉剂1 000倍液。③50%多霉灵可湿性粉剂800~900倍液。药剂防病时可结合霜霉病的防治选用药剂,防治次数和间隔天数与霜霉病相同。

五、油菜黑腐病

油菜黑腐病在我国江苏、浙江、湖北、湖南、河南、河北、北京、江西、陕西、广东、贵州等地均有发生,发病严重时发病率可达70%以上,对产量影响较大。此病还可危害大白菜、萝卜、甘蓝等十字花科蔬菜。

【症　状】 油菜的叶、茎、根、角果和种子均可发病。叶片从叶缘开始发病,病斑黄色,逐渐向内发展呈三角形;叶脉初呈灰褐色,逐渐变成黑色网状叶脉。叶脉周围组织发展成为黄色大斑块,病斑多时,叶片枯死。茎秆及分枝、花轴发病初生暗绿色长条斑,逐渐转为黑褐色,病斑上常有大量黄色黏液状菌脓,花轴可萎缩死亡。角果发病产生略凹陷的黑褐色病斑,病斑多时角果枯死。病菌侵染种子时仅感染种皮,病斑黑褐色。病株的茎、根内部维管束变黑,横剖病茎或病根,有一圈黑环,无臭味,主茎停止生长;后期病株部分枯萎或全株枯萎。

【病　原】 油菜黑腐病病菌是一种细菌,属于黄单孢杆菌属的野油菜黄单孢。细菌杆状,有单根极生鞭毛,革兰氏染色阴性。生长适温25℃~27℃。

【发病规律】 油菜黑腐病病菌主要在土壤中的病残体和用病残体堆肥未充分腐熟的肥料中越夏或越冬,也可在种子内、外越夏或越冬。油菜播种出苗后,种子和病残体上的病菌开始侵染幼苗,在叶上产生病斑。成株期,病菌侵染叶片后,先在叶片的薄壁组织内繁殖,然后进入维管束,引起叶片发病。病菌从叶片维管束进入茎部维管束,阻塞导管,引起系统感染,使病株萎蔫。在田间,病菌由风、雨、昆虫传播,引起再侵染。油菜收获时,病菌又可在种子和病残体上越夏或越冬。油菜连作、施用带菌肥料、偏施氮肥以及田间排水不畅、田间湿度大等均有利于病害的发生。

【防治方法】

1. 轮作　与非十字花科作物轮作。并注意选留无病种子。

2. 种子处理　可用45%代森铵水剂300倍液浸种15～20分钟，水洗后晾干播种。或用751杀菌剂100倍液，量取15毫升浸拌200克种子吸附阴干后播种。或用50℃温水浸种20分钟。

3. 加强栽培管理　油菜收获时，及时深翻，深埋病残体。油菜脱粒后留下的秸秆、碎叶，烧毁或集中高温堆肥。施用腐熟肥料。雨季注意清沟排水，降低田间湿度。

4. 药剂防治　可选用以下药剂：①72%农用链霉素可湿性粉剂3 500倍液。②氯霉素50～100毫克/千克。③77%可杀得可湿性粉剂500倍液。④14%络氨铜水剂350倍液。

六、油菜软腐病

油菜软腐病在我国各油菜产区均有发生。此病还可危害其他十字花科蔬菜及土豆、番茄、辣椒、莴苣、芹菜、大葱等。

【症　状】　油菜的根、茎、叶均可发病。最初在油菜茎近土表处开始发病，产生不规则形水渍状病斑，病斑凹陷，表皮稍皱缩，以后皮层龟裂，茎的内部组织软腐呈空洞。病菌可从茎部蔓延至根部及茎基部的叶柄、叶片，使病根、病叶软腐，腐烂部位有灰白色或污白色菌脓溢出，有恶臭。病株叶片萎蔫，重病株抽薹后死亡。

【病　原】　油菜软腐病是一种细菌，属于欧氏杆菌属。细菌杆状，有周生鞭毛2～8根，革兰氏染色阴性，生长适温27℃～30℃，致死温度50℃，细菌寄生性弱，不耐干燥。

【发病规律】　病害初次侵染来源是油菜病残体，或带有病残体未充分腐熟的有机肥。病菌通过雨水、灌溉水和昆虫传播，从伤口或自然孔口侵入油菜组织内。病菌分泌果胶酶分解植物细胞中胶层，使细胞分离，组织瓦解。在腐烂过程中由于腐败细菌的侵染,分解细胞的蛋白质,产生吲哚,因而产生臭味。发病植株的病菌又可通过雨水、灌溉水传播,感染无病株。油菜收获后,病菌随病残体在土壤或有机肥中越夏或越冬。连作地或前作为软腐病菌可侵染的蔬菜作物、施用带菌肥料,土壤中病菌多,病害重。害虫多的田块病害也重,这是由于昆虫在油菜上取食造成伤口,又可携带病菌传播感染。这些昆虫有种蝇、黄条跳甲、菜粉蝶、菜螟、菜蟀和蝼蛄等。温度 28℃~30℃适宜病菌繁殖,高温也有利于昆虫活动传播病菌,有利于病害发生。油菜生长期雨水多,田间油菜伤口难愈合或愈合速度慢,或受冻伤,也会加重病害发生。

【防治方法】

1. 轮作　水旱轮作或与大、小麦轮作。

2. 加强栽培管理　播种前深翻晒土,施用充分腐熟的有机肥。秋季高温的年份要适当推迟播种,冬季防冻。雨季清沟排渍,降低田间湿度。随时拔除病株。

3. 除虫防病　可针对田间害虫种类,喷施杀虫剂。

4. 药剂防治　可选用以下药剂:①50%代森铵 500 倍液。②2% 氨基寡糖素水剂 200~350 倍液。③72%农用链霉素可溶性粉剂 3 000~4 000 倍液。④20%噻森铜悬浮剂 300~400 倍液。

七、油菜黑斑病

油菜黑斑病在我国各油菜产区均有发生,部分地区发病较重。

【症　状】　幼芽、叶、叶柄、茎和角果均可发病。幼芽发病时先在下胚轴产生褐斑,以后子叶出现直径 1~2 毫米的小褐斑。叶片发病初生隆起小斑点,黑褐色,以后扩大为 2~6 毫米的圆形病斑;病斑上常有同心轮纹,周围有时有黄白色晕圈;湿度大时,病斑上有黑色霉层,病斑多时叶片枯死。叶柄、茎、花序上的病斑椭圆形、长条形或梭形,褐色至黑褐色。侧枝和主茎上的病斑如绕侧枝或主茎一周，可使侧枝或全株死亡。角果病斑圆形，黑褐色。种子呈红色，收获前易裂果。

【病　原】 油菜黑斑病病菌是一种真菌，属于半知菌亚门丝孢菌的链格孢。目前已知有 3 个种，即芸薹链格孢、芸薹生链格孢和萝卜链格孢。以芸薹链格孢占绝大多数。3 种链格孢产生的分生孢子形态相似，圆筒形至椭圆形或倒棍棒形，有横隔和纵隔。分生孢子褐色至灰褐色或黑色，单生或链生。

【发病规律】 黑斑病菌以菌丝或分生孢子在病残体和种子内、外越夏或越冬。因此，病残体和种子上的病菌是病害的主要初侵染来源。油菜播种发芽后，越夏或越冬的病菌的菌丝产生分生孢子，分生孢子随风传播，萌发侵染幼苗，引起初侵染。初侵染发病后的病株上又产生分生孢子，被风传播进行再侵染。在南方油菜产区，冬、春季病菌无明显的越冬期，再侵染可反复进行。白菜型油菜最感病，甘蓝型油菜较抗病。油菜连作、偏施氮肥和地势低洼、排水不畅均有利于病害发生。

【防治方法】

1. 轮作　与非十字花科作物实行 2 年以上的轮作。

2. 选种　选择当地适栽的抗病品种，从无病株采留无病种子。

3. 种子处理　药剂拌种或温汤浸种。药剂可选用 50% 福美双可湿性粉剂按种子重量的 0.4% 拌种，或用 50% 扑海因可湿性粉剂按种子重量的 0.2%～0.3% 拌种，或用咪唑霉（按 2.5 克/千克种子）拌种。温汤浸种可用 50℃温水浸种 20 分钟。

4. 加强栽培管理　采用配方施肥，不偏施氮肥，增施钾肥。清沟排渍，降低田间湿度。

5. 药剂防治　可选用以下药剂：①75% 百菌清可湿性粉剂 600 倍液。②64% 杀毒矾可湿性粉剂 500 倍液。③10% 苯醚甲环唑水分散粒剂 1 000～1 500 倍液。④43% 戊唑醇悬浮剂 2 000～2 500

倍液。在发病初期施药,每隔 7~10 天 1 次,防治 2~3 次。

八、油菜根肿病

油菜根肿病在我国江苏、浙江、湖南、湖北、江西、安徽、福建、广东、云南、山东、四川等地均有发生。2003 年四川德阳因根肿病发病严重,改种面积达 10%。

【症　状】 主要症状是根部肿大。主根和侧根都可产生肿瘤,以主根最多。肿瘤初期表面光滑,白色,以后逐渐变褐。表面粗糙,有裂纹。易被土壤杂菌感染而腐烂。因下部根腐朽,主根上部或茎基部可长出许多新根。发病初期病株生长迟缓、矮小,基部叶片中午有萎蔫现象,早、晚可恢复,后期基部叶片逐渐变黄死亡,发病严重时整株枯死。

【病　原】 油菜根肿病菌是一种真菌,属于鞭毛菌亚门根肿菌的芸薹根肿菌。病菌在寄主细胞内形成休眠孢子,休眠孢子聚集呈鱼卵状。单个休眠孢子球形或近球形、无色、单孢,萌发产生游动孢子。病菌还可侵染白菜、萝卜、甘蓝等十字花科作物。

【发病规律】 油菜根肿病菌的休眠孢子可在病残体、土壤及混有病残体未充分腐熟的有机肥中越夏或越冬。因此,病残体、土壤及带菌有机肥是病害的初侵染来源。休眠孢子在土壤中能存活多年。休眠孢子在适宜的土壤湿度下,萌发产生游动孢子,休止后侵入油菜根毛中。病菌在植物细胞内经过一系列的演变,从皮层进入形成层,刺激形成层的细胞迅速分裂,引起薄壁组织膨大。由于细胞间相互挤压,使维管束组织发育不良,输送水分和营养不畅。一般侵染 10 天左右,根上出现肿瘤。病菌在细胞内形成多核的原生质团,以后发育为休眠孢子。病根腐烂后,休眠孢子进入土壤或在病残体内及带菌肥料中越夏或越冬。病菌主要由雨水、灌溉水、昆虫和农具传播。土壤湿度大有利于休眠孢子萌发和游动孢子的侵染。多雨年份或油菜田排水不畅、土壤湿度大或酸性土，病害发生重。土壤湿度低于45%发病轻。

【防治方法】

1. 轮作 与非十字花科轮作3年以上。

2. 采用无病田育苗或苗床消毒 苗床消毒用70%五氯硝基苯与50%福美双各4~5克等量混合，每平方米施药8~10克。

3. 撒施石灰调节土壤酸碱度 重病田每667平方米撒施石灰75~100千克或拔除病株后，在病穴中撒石灰。移苗时可用15%石灰乳逐株浇灌。

4. 加强栽培管理 整地时挖深沟，做窄畦，防止田间积水，降低田间湿度。及时拔除病株烧毁。不用病残体沤肥，混有病残体的肥料应充分发酵腐熟。

5. 药剂防治 大田油菜移栽时可每667平方米用70%五氯硝基苯或50%甲基托布津1.5千克(可加细土拌匀)条施。

九、油菜白斑病

油菜白斑病在我国冬、春油菜产区均有发生。此病还可危害其他十字花科蔬菜。

【症　状】 油菜各生育期均可发病。病叶上最初散生淡黄色或灰褐色的小斑，后扩大呈圆形、近圆形或不规则形斑点。病斑中央灰白色至黄白色，有时稍带红褐色。病斑周围黄色或黄绿色。病斑稍凹陷且变薄，易干枯破裂。潮湿时，病斑背面产生浅灰色的霉层。严重发病时，病斑互相连合，导致叶片枯死。

【病　原】 油菜白斑病菌是一种真菌，属于半知菌亚门丝孢菌的芥假小尾孢。分生孢子梗短小，稍弯曲，单生或数根呈簇生状。分生孢子无色，线形或鞭状，有3~7个隔膜。

【发病规律】 油菜白斑病病菌以菌丝体或以分生孢子梗基部

的菌丝块在病叶残体上越夏或越冬。病菌的分生孢子也可附着在种子上越夏或越冬。秋季或翌年春季,病残体上的菌丝产生分生孢子,或种子上的分生孢子,随风雨传播到油菜上,分生孢子萌发侵入叶片,引起初侵染。发病后,在病斑上又产生孢子,可进行重复侵染。至油菜收获后,病菌又在病残叶上越夏或越冬。此病在5℃~28℃的温度条件下均可发生。长江中下游及湖泊附近冬油菜产区,秋季和冬季均可发病,秋季如多雨,病害往往会严重发生。北方油菜产区一般8~10月份为病害盛发期。油菜连作、播种早、缺肥,油菜生长弱,一般发病重。

【防治方法】

1. 轮作 与大、小麦实行3年以上轮作。

2. 加强栽培管理 油菜收获后深翻土地,深埋病残体,使其腐解,消灭病菌。增施基肥,适时早播。清沟排渍,降低田间湿度。

3. 无病株留种或种子处理 用75%百菌清可湿性粉剂按种子重量的0.4%拌种,或用50℃温汤浸种20分钟。

4. 药剂防治 可选用以下药剂:①50%多菌灵可湿性粉剂800倍液。②50%苯菌灵可湿性粉剂1 500倍液。③70%代森锰锌可湿性粉剂500倍液。④50%混杀硫悬浮剂600倍液。⑤75%百菌清可湿性粉剂600倍液。

十、油菜黑胫病

油菜黑胫病在我国湖南、湖北、四川、浙江、安徽、江西、内蒙古等地均有发生。此病除危害油菜外,还可危害萝卜、甘蓝、白菜等十字花科蔬菜。

【症 状】 油菜各生育期均可发病。病部产生灰白色枯斑,枯斑上有许多分散的黑色小粒点。子叶、幼茎上的病斑初为淡褐色,形状不规则,以后发展成稍凹陷的灰白色病斑。幼茎上的病斑可向下发展至茎基部及根系，引起须根腐朽，根颈易折断。成株期叶片病斑圆形或不规则形，稍凹陷，灰白色，有小黑粒点。茎及根上的病斑初为长椭圆形、灰白色，病处组织逐渐腐朽，上面生小黑粒点，病株易折断死亡。角果上的病斑与茎上的病斑相似，开始多从角果尖端发病。种子发病变白皱缩，失去光泽。

【病　原】 油菜黑胫病菌是一种真菌。无性时期属于半知菌亚门球壳孢菌的黑胫茎点霉，有性时期属于小球腔属（*Leptosphria*）。国外报道，危害油菜的有 2 个种，我国学者在安徽调查发现，主要是斑点小球腔菌（*L. maculans*）。有性时期仍在研究中。病菌子囊孢子长梭形，多细胞，黄褐色。无性时期产生分生孢子。

【发病规律】 油菜黑胫病病菌以子囊壳和菌丝在病残体上越夏或越冬。也可以菌丝潜伏在种子内越夏或越冬。子囊壳在高湿条件和适宜温度下，放出子囊孢子，通过气流传播，侵染油菜，引起初侵染。潜伏在种子皮层中的菌丝，当种子萌发出苗时，也可侵染幼苗的子叶和幼茎，引起发病，严重发病时幼苗死亡。油菜发病后，产生分生孢子，经风、雨传播，进行再侵染。至生长后期病菌产生子囊壳及菌丝在病残体上越夏或越冬。

【防治方法】

1. 轮作　与非十字花科作物轮作 3 年以上。

2. 整地　深翻土地，掩埋病残体，使其腐烂。

3. 从无病株留种或种子处理　可用种子重量0.2%的 50%苯来特可湿性粉剂拌种。或用 50℃温水温汤浸种 5 分钟。

4. 加强栽培管理　移栽前剔除病苗，种植抗病品种。多雨季节注意清沟排渍，降低田间湿度。

5. 药剂防治　苗床消毒可用50%福美双可湿性粉剂 200 克与 100 千克细土拌匀，撒施在苗床上；也可用 50%敌克松可湿性粉剂或 50%多菌灵可湿性粉剂按每平方米 8 克加 20 倍细土拌匀，施入苗床。大田可选择喷施 50%退菌特可湿性粉剂 800 倍液，50%多菌灵可湿性粉剂 500 倍液,65%代森锌可湿性粉剂 500 倍液。

十一、油菜白粉病

油菜白粉病在我国油菜产地均有发生。病害还可危害甘蓝、芥菜、榨菜、豌豆等。

【症　状】 叶、茎、花器和角果均可发病。叶片发病时初生少量白色点块状细丝状物,逐渐扩大,连接成片。叶片正、反面均可产生白色粉斑,严重时白粉斑布满叶片,后期叶片变黄、枯死。发病轻时,植株生长不良,开花受抑制。花器、角果、茎发病均产生白色粉斑,严重时花器、角果变形,种子瘦瘪。

【病　原】 油菜白粉病菌是一种真菌,属于子囊菌亚门核菌的十字花科白粉菌。白色粉斑是病菌的菌丝、分生孢子梗和分生孢子。分生孢子无色、单胞、长圆形或柱形,串生。闭囊壳散生至聚生,扁球形、暗褐色。闭囊壳内有 5 ~ 7 个子囊,子囊内有 4 ~ 6 个子囊孢子。

【发病规律】 在南方,白粉病菌以菌丝体及分生孢子在寄主植物上越夏,或以子囊壳越夏。秋季传播到油菜上,引起发病。在北方,主要以闭囊壳在油菜病残体上越冬。分生孢子或子囊孢子随气流传播,侵染寄主后病部再产生分生孢子传播,进行多次再侵染。春季干旱少雨发病重,时晴时雨及高温、高湿交替也发病重。

【防治方法】

1. 加强栽培管理　适当增施磷、钾肥,提高寄主抗病力。

2. 选用抗白粉病品种　选择适合当地栽培的抗病品种。

3. 药剂防治　发病初期,可选用以下药剂:①15%三唑铜可湿性粉剂 1 500 倍液。②25%腈菌唑乳油 3 200 ~ 4 000 倍液。③25%丙环唑乳油 1 200 ~ 1 600 倍液。④50%硫黄粉剂 150 ~ 300 倍液。

十二、油菜根瘿黑粉病

此病主要分布在我国云南、四川等地。除危害油菜外,还可危害其他十字花科蔬菜。

【症　状】 病株地上部分无明显萎蔫和枯死现象,因此该病较难识别。一般病株比健株略矮,感病油菜常开花早,土壤缺肥时常提早枯死。主要症状是根部的主、侧根形成肿瘤。一般主根上的根瘤比侧根多,通常有2~5个,如核桃或拳头大小。侧根上产生的肿瘤,有时几个瘤可结合成为一个大瘤。肿瘤椭圆形或扁球形,灰白色,稍带光泽,表面有小疣。肿瘤成熟时表面白里透黑,最后外层破裂,露出黑粉,因此称为根瘿黑粉病。

【病　原】 油菜根瘿黑粉病菌是一种真菌,属于担子菌亚门黑粉菌的芸薹条黑粉菌。冬孢子(或称厚垣孢子)聚集成团,孢子团表面有明显的淡色不孕细胞。冬孢子圆形或多角形,无色或黄褐色。冬孢子萌发产生担子和担孢子。

【发病规律】 油菜根瘿黑粉病菌以冬孢子随菌瘿在土壤中越夏,秋季油菜播种出苗后,随着幼苗的生长,病菌的冬孢子在土中萌发,产生担孢子(或菌丝),萌发后从油菜的根部侵入,刺激根部细胞分裂形成肿瘤。一般肥地比瘦地发病重。

【防治方法】

1. 实行轮作　避免与十字花科作物连作。

2. 收拾病残体　将病残体集中烧毁。不用病残体沤肥。

十三、油菜炭疽病

油菜炭疽病在我国油菜产区发生普遍,但危害较轻。病菌还可侵染大白菜、萝卜、芥菜等十字花科蔬菜。

【症　状】 油菜地上部分均可发病。叶片病斑小，圆形。病斑稍凹陷，中央白色或黄白色，边缘紫褐色。叶柄和茎上病斑长椭圆形或纺锤形，淡褐色至灰褐色。角果上的病斑与叶上相似。湿度大时，病斑上产生淡红色黏质物。病害严重时，叶上病斑可互相联合，形成不规则的大斑，使叶片变黄枯死。

【病　原】 油菜炭疽病菌是一种真菌，属于半知菌亚门黑盘孢菌的希金斯炭疽菌。病斑上的淡红色黏质物是病菌的分生孢子。分生孢子圆柱形，单孢，无色。分生孢子盘黑褐色，其上有深褐色至黑色的刚毛。

【发病规律】 病菌以菌丝体在病残体上及种子中或以分生孢子在种子上越夏或越冬。条件适宜时，分生孢子萌发，侵染油菜，产生病斑。病斑上又可产生分生孢子，借风雨传播，进行再侵染。再侵染可进行多次。病菌发育温度范围为 13℃ ~ 38℃，适温 26℃ ~ 30℃。秋季多雨、气温高发病重。

【防治方法】

1. 选无病株留种或进行种子处理　播种前用 50% 多菌灵可湿性粉剂按种子重量的 0.4% 拌种，或用 50℃温汤浸种 15 分钟。

2. 加强栽培管理　与非十字花科作物轮作。油菜收获后深翻土地，适期播种，增施磷、钾肥，及时排除田间积水。

3. 药剂防治　可选用以下药剂：①40% 多硫悬浮剂 700 ~ 800 倍液。②25% 炭特灵可湿性粉剂 500 倍液。③80% 炭疽福美可湿性粉剂 800 倍液。④60% 炭疽停可湿性粉剂 800 ~ 1 000 倍液。⑤75% 百菌清可湿性粉剂 1 000 倍液。每隔 7 ~ 10 天喷 1 次，连续防治 2 ~ 3 次。

十四、油菜细菌性黑斑病

油菜细菌性黑斑病在我国湖北、湖南、广东、浙江、云南等地均有发生。除危害油菜外,还可危害其他十字花科蔬菜。

【症　状】 叶、茎、花梗及角果均可发病。叶上病斑淡褐色或黑褐色,近圆形或多角形。病斑可沿叶脉发展,病斑多时联合成坏死大斑。茎上病斑多为椭圆形或条状,水渍状,有光泽,褐色至黑褐色,中央稍凹陷。花梗、角果上病斑水渍状,黑褐色。

【病　原】 油菜细菌性黑斑病菌是一种细菌,属于假单孢杆菌的丁香假单孢菌。细菌有鞭毛,革兰氏染色阴性。生长适温24℃～25℃,致死温度49℃。

【发病规律】 病原细菌在种子、病残体和土壤中越夏或越冬。在油菜生长期,种子、病残体和土壤中的病菌侵染油菜,发病后病菌借风雨传播,不断进行再侵染。至油菜收割后,病菌又在土壤、病残体和种子上越夏或越冬。连作地、低凹潮湿地发病重。

【防治方法】

1. 轮作 与禾本科作物轮作2～3年。

2. 选种及种子处理 选无病株留种,种子用50℃温汤浸种10分钟杀菌。

3. 加强栽培管理 清除病残体,深翻土地。增施磷、钾肥,增强油菜抗病性。雨季注意清沟排渍,降低田间湿度。

4. 药剂防治 发病初期选用以下药剂防治:①72%农用链霉素可溶性粉剂3 000倍液。②30%绿得保悬浮剂500倍液。③77%可杀得可湿性粉剂600倍液。

十五、油菜猝倒病

我国各油菜产区均有发生,以南方多雨地区发病较重。此病还可危害其他十字花科蔬菜及瓜类、豆类等。

【症　状】 主要危害幼苗。幼苗发病初期在地表处的幼茎产生水渍状斑点,后变黄,病部腐烂逐渐干缩,幼茎折断倒伏而死亡。

根部发病时产生褐斑,潮湿时病部或附近土面密生白色絮状菌丝。根部发病严重时地上部分萎蔫,病株从地表处折断。轻病株可长出新的支根和须根,但植株生长发育不良。

【病　原】 油菜猝倒病病菌是一种真菌,属于鞭毛菌亚门腐霉菌的瓜果腐霉。孢子囊丝状或瓣状,产生球形泡囊后,泡囊内可产生多个游动孢子。卵孢子球形、厚壁,表面光滑。

【发病规律】 病菌以卵孢子在土壤、病残体中越夏或越冬。卵孢子是病害的初侵染来源,卵孢子在适宜条件下,萌发产生孢子囊,再形成游动孢子,侵染幼苗。另外,在土中或病残体上腐生的菌丝,也可产生孢子囊,形成游动孢子侵染幼苗。游动孢子借雨水或灌溉水传播,可进行再侵染。病菌侵入寄主组织后,菌丝在皮层的薄壁组织蔓延,以后在病组织上又产生孢子囊。后期在病组织中形成卵孢子。土壤湿度大、温度28℃有利于病菌侵染。

【防治方法】

1. 苗床处理 可选用以下药剂:①50%福美双可湿性粉剂200克加细土100千克。②50%敌克松可湿性粉剂按每平方米8克加细土20倍。③50%多菌灵可湿性粉剂按每平方米8~10克加细土20倍。以上药剂加细土后要充分混匀撒施在苗床上。

2. 加强栽培管理 适时间苗,合理密植,清沟排渍,降低土壤和田间湿度。

3. 施用石灰 每667平方米施50千克石灰。

4. 药剂防治 可选用下列药剂对幼苗喷雾:①25%瑞毒霉可湿性粉剂500~800倍液。②75%百菌清可湿性粉剂1 000倍液。③95%恶霜灵4 000倍液。

十六、油菜根腐病

油菜根腐病又称立枯病。此病在我国山东、河南的芥菜型油菜曾发病严重。安徽、湖北、浙江、四川均有此病发生。此病病菌还可危害许多不同科、属的蔬菜和大田作物。

【症　状】　油菜幼苗的茎基部、根部及成株期近地面的茎和叶柄均可发病。幼苗发病时，最初在茎基部产生近椭圆形褐色斑点、稍凹陷，病斑扩大可绕茎一周，病组织坏死缢缩，病苗折倒。成株期在靠近地面的茎和叶柄上最初产生水渍状浅褐色斑点，以后转为灰褐色，病斑凹陷。根颈部及膨大的根上发病时产生灰褐色凹陷病斑，湿度高时病部产生灰褐色蛛丝状菌丝。病株下部叶变黄、萎蔫，严重时全株枯萎。

【病　原】　油菜根腐病病菌是一种真菌，属于半知菌亚门无孢菌的立枯丝核菌。此菌不产生无性孢子。菌丝较粗，初期无色，老熟时浅褐色至黄褐色。菌丝多为直角分枝，分枝处略缢缩。菌核不规则形，浅褐色至黑褐色。

【发病规律】　油菜立枯病菌主要以菌丝体或菌核在土壤或病残体中越夏或越冬。油菜苗期或生长期，病菌侵染幼苗或成株期油菜。发病后，病菌通过风雨、灌溉水、田间耕作传播。土壤黏重、苗龄过长及田间排水不畅、湿度大发病重。

【防治方法】

1. 苗床处理　按每 667 平方米施石灰粉 50 千克或 70% 敌克松可湿性粉剂 1 千克加细土 30 千克拌匀撒施在苗床上。苗床要及时间苗，除去病、弱苗，并注意通风透光。幼苗发病初期可用 75% 百菌清可湿性粉剂 600 ~ 800 倍液或 50% 多菌灵可湿性粉剂 800 ~ 1 000 倍液喷雾。

2. 加强栽培管理　清除田间病残体集中烧毁。实行轮作，不偏施氮肥，增施磷、钾肥，适时播种。清沟排渍，降低田间湿度。

十七、油菜枯萎病

我国南方冬油菜产区均有发生，一般危害较轻。枯萎病菌还可危害其他十字花科植物。

【症 状】 苗期、成株期均可发病。病苗茎基部产生褐色或黄褐色病斑，发病严重时或土壤干旱、气温高时叶片失水、卷曲、萎蔫，最后枯死。初花期前后发病，茎秆产生隆起的和沟状的长形病斑，病株落叶。根和茎维管束为黑色黏状物堵塞，并有菌丝和分生孢子。病株矮化、萎蔫，最后枯死。

【病 原】 油菜枯萎病病菌是一种真菌，属于半知菌亚门丝孢菌的芥属黄萎镰孢霉。病菌有大型、小型分生孢子。大型为圆筒形至镰刀形，有2~3个隔膜；小型为卵圆形至椭圆形，单细胞。病菌还可产生厚垣孢子。病菌在土壤中可存活11年以上。

【发病规律】 病菌在土壤和病残体上越冬或越夏。病菌从植株根部侵入，进入根冠细胞间隙或表皮细胞，以后进入分生组织细胞，再进入木质部，通过木质部进入茎叶。病菌在维管束中，可破坏和堵塞维管束组织，影响水分和营养的输导。

【防治方法】

1. 轮作 实行3~4年轮作，尤其是水旱轮作效果更好。

2. 农业防治 油菜收获后清除田间病残体。及时间苗，中耕除草，使植株生长健壮，提高抗病力。

十八、油菜寄生性菟丝子

油菜寄生性菟丝子仅在我国局部地区发现危害油菜。菟丝子还危害花生、马铃薯、大豆等多种草本植物。

【症 状】 菟丝子危害油菜时，先从土中长出黄色细丝状茎，当丝状茎接触油菜时，缠绕在植株上。菟丝子茎可从个别油菜植株不断生长蔓延至许多植株，严重发生时成片油菜布满成团的菟丝子茎，被缠绕的油菜植株变黄、萎蔫，甚至死亡。

【病　原】　油菜寄生性菟丝子属于中国菟丝子，是一种寄生性种子植物。茎黄色、丝状，叶退化成鳞片状，无叶绿素。花为头状花序，花白色。果为蒴果，破裂时呈周裂，有2～4粒种子。

【发生规律】　菟丝子种子成熟时落入土中或在油菜脱粒时混在油菜种子中或混入肥料中，成为下一生长季的侵染来源。油菜生长期菟丝子种子发芽，长出旋转的丝状茎，当菟丝子的茎接触油菜就缠绕其上，产生吸盘侵入油菜维管束，吸收水分和营养。同时，菟丝子下半部的茎萎缩，并与土壤分离。菟丝子生长到一定时期，开花结果，又形成种子。

【防治方法】

1. 清洁田园　田间发现菟丝子在油菜上蔓延时摘除菟丝子茎，携出田间烧毁。油菜收获后深翻土地，使菟丝子种子不能萌发出土。不用混有菟丝子种子的油菜残秸沤肥，如肥料中混有残秸，必须高温发酵，杀死菟丝子种子。

2. 喷施鲁保一号生物制剂　将制剂稀释100～200倍，充分混匀后，用纱布过滤，滤液每毫升含孢子量2 000万～3 000万个。将滤液喷施在菟丝子上。喷洒前最好将菟丝子茎抽伤，以便孢子感染。选早、晚和阴天喷雾。

3. 选种　有菟丝子的田块采种后要精细选种，清除菟丝子种子。

思考题

1. 油菜菌核病有何症状？如何进行防治？

2. 油菜病毒病的症状有哪些？为什么控制好蚜虫就可以控制病毒病？

3. 油菜霜霉病有何症状？影响其发生的因素有哪些？

4. 油菜黑腐病和油菜软腐病病原菌是细菌吗？怎样开展防治？

5. 油菜根肿病是怎样引起的？怎样预防？

第六章 油菜害虫的识别与防治

一、蚜 虫

蚜虫俗称为蜜虫、腻虫、油虫等。属于同翅目,蚜科。为害油菜的蚜虫主要有萝卜蚜(又称菜缢管蚜)、桃蚜(又称烟蚜)、甘蓝蚜3种。桃蚜分布最广,几乎分布于全世界,我国也普遍发生;萝卜蚜分布较广,国外主要分布于南美洲、欧洲、新西兰、夏威夷等地,我国除新疆、西藏、青海不详外,其他各地都有发生;甘蓝蚜原产于欧洲,分布于温带和亚热带各地,在我国虽不如萝卜蚜、桃蚜分布广,但在贵州、新疆等局部地区却是优势种。

【为害症状】 上述3种蚜虫均以成、若蚜在油菜叶片背面、嫩茎、花梗、角果上刺吸汁液,破坏叶肉和叶绿素,使叶片呈现褪色斑点,严重时卷曲、发黄、变形或枯死。嫩茎、花梗被害后呈畸形。角果发育不正常或枯死。此外,蚜虫还能传播油菜病毒病。

【识别特征】

1. 桃 蚜

(1)有翅胎生雌蚜 体长1.8~2毫米,无白粉。头、胸、腹管和尾片均为黑色。复眼赤褐色。额瘤发达,向内倾斜。触角长,几乎与体等长。腹管细长,圆筒状,为尾片的2.3倍,中后部略膨大,并有瓦片纹。尾片圆锥形,中部略缢缩,具3对弯曲的侧毛。有翅成蚜头、胸部黑色,腹部黄绿色、红褐色至褐色,腹部两侧各有1列小黑斑,背面中后部有1大型黑斑。

(2)无翅胎生雌蚜 体长1.4~2毫米,体较肥大。头、胸部黑色。额瘤显著,中额瘤微隆。触角较体短。无翅成蚜整个身体同色，通常为绿色、黄绿色或红褐色。腹管与有翅蚜相似。尾片较尖，中部不缢缩。

2. 萝卜蚜

(1)有翅胎生雌蚜　体长1.6～2.3毫米，有稀少白粉。头、胸部黑色，略有光泽。复眼赤褐色。额瘤不显著。触角较体短，约为体长的1/2。腹部绿色至深绿色，各腹节两侧有黑斑，腹管下方数节为黑色横带。腹管暗绿色、较短，略长于尾片，与触角第五节几乎等长。尾片圆锥形，灰褐色，末端收缩呈瓶颈状，有长毛4～6根。有翅成蚜头、胸部黑色，略有光泽，有稀少白粉。腹部绿色至黄绿色，各腹节两侧和尾部有黑斑。

(2)无翅胎生雌蚜　体长1.7～2.3毫米，卵圆形，有少量白粉，绿色或黑绿色。额瘤不明显。触角较体短，约为体长的2/3。腹管长筒形，顶端收缩，长度为尾片的1.7倍。尾片圆锥形，有长毛4～6根。无翅成蚜全体绿色或黄绿色，各节背面有浓绿色横纹，两侧各有1列小黑点。

3. 甘蓝蚜

(1)有翅胎生雌蚜　体长1.2～2.5毫米，被有白粉。头、胸黑色。复眼赤褐色。触角较体短，约为体长的1/2。腹部黄绿色，腹部背面有数条不太明显的黑绿色横带，体两侧各有5个黑点。腹管黑色，短而粗，腹管中部稍膨大。尾片短，圆锥形，基部稍凹。有翅成蚜头、胸部黑色，腹部黄绿色，各腹节背面有断续黑横带。

(2)无翅胎生雌蚜　体长2.2～2.5毫米，绿色或暗绿色，有白粉覆盖。无额瘤。触角无感觉孔。腹部各节背面有断续黑横带。腹管短于尾片。尾片近似等边三角形，两侧各有2～3根长毛。

【发生规律】

1. 生活史

(1)桃蚜　我国北方地区可年生10余代，长江中下游为20多代，南方多达30～40代。在北方有季节性的寄主转移习性。主要以有翅性母在桃树的枝梢、小枝杈、芽腋及缝隙产卵越冬,或以卵在窖藏白菜上越冬,还可以成虫、若虫、卵在油菜、蚕豆心叶或叶背处越冬。越冬卵在翌年桃树萌芽时孵化,进行几代孤雌生殖后,产生有翅蚜,迁至油菜等寄主植物上进行繁殖、为害。至秋末产生有翅性母,飞回冬寄主上产生有翅有性蚜,与从夏寄主迁来的有翅雄蚜交尾后产卵越冬。另外,在加温的温室内,可终年在蔬菜上进行胎生繁殖,没有越冬现象;在南方无明显的越冬现象,可终年繁殖。

(2)萝卜蚜 在北方年生10～20多代,长江流域30代左右,南方可达46代。在北方以无翅胎生雌蚜随冬贮菜越冬或以卵在秋白菜和十字花科留种株上越冬;在长江中下游地区,以卵在蔬菜上越冬。一般越冬卵于翌年3～4月份孵化为干母,在越冬寄主上繁殖数代后,产生有翅蚜而转至大田寄主上为害。通常春、秋季为害最重,晚秋继续胎生繁殖,或产生雌、雄蚜交配产卵越冬;在南方可全年繁殖。

(3)甘蓝蚜 在新疆、东北等地年生8～9代,北京、河北、山东、山西、内蒙古等地年生10多代。在长江以北地区多产卵于蔬菜上越冬。越冬卵于翌年3～4月份孵化为干母,在原寄主上繁殖为害,当春菜播种后,一部分蚜虫就转入油菜、甘蓝等植株上为害。夏末秋白菜播种后,甘蓝蚜又转到秋白菜上为害。一般在10月上旬开始产卵越冬;温带地区全年可连续孤雌生殖,不产卵越冬。

2. 主要习性

(1)趋性 桃蚜、萝卜蚜和甘蓝蚜3种蚜虫对黄色、橙色有强烈的趋性,绿色次之,对银灰色有负趋性;3种蚜虫都有趋嫩绿性,但萝卜蚜、甘蓝蚜不爱活动,主要集中在嫩叶、菜心及花序幼嫩部位取食为害。桃蚜常聚集在老龄叶背面取食为害。

(2)假死性 油菜蚜均有假死性。特别是桃蚜秋季有明显的假死性,稍受惊动,立即落地。

(3)食性 ①萝卜蚜和甘蓝蚜均为寡食性。已知萝卜蚜寄主有30余种，甘蓝蚜寄主有50多种。②桃蚜为多食性蚜虫，能为害不同科的寄主植物，包括许多亲缘关系很远的植物。已知寄主有352种。③萝卜蚜喜取食叶上多毛、蜡质少的油菜品种。④甘蓝蚜喜欢在叶面光滑无毛、蜡质较多的油菜品种上取食为害。

3. 为害时期

(1)地区差异　蚜虫在不同地区为害油菜的时期不一样。长江流域及其南、北地区主要在苗期为害；云贵高原主要在开花结果期为害；北方油菜自苗期至开花结果期均受其害，并逐步加重。

(2)种类差异　3种蚜虫都为害油菜，但不同种类为害的时期不一样。桃蚜为害油菜全生育期，萝卜蚜主要在油菜苗期为害，甘蓝蚜主要在油菜开花结荚期为害。

4. 发生与环境的关系

(1)气候　① 桃蚜最适发育温度为24℃，空气相对湿度为70%以下。温度高于28℃或降到6℃以下、空气相对湿度在80%以上或40%以下，不利于其发生。因此，我国北方地区春、秋两季为害重。②萝卜蚜最适发育温度为14℃～25℃，由于其适宜温度范围广，在较低的温度下也发育得比较快，故秋后油菜上以萝卜蚜居多。③甘蓝蚜繁殖的最适温度为20℃～25℃，空气相对湿度为75%～80%。温度低于14℃或高于18℃，繁殖力低。④蚜虫一般在空气相对湿度50%～85%生长发育较适宜，当空气相对湿度高于90%或低于40%时对蚜虫有抑制作用。

(2)降水　①降水是限制蚜虫猖獗发生的一个重要原因。雨水不仅影响蚜虫的迁飞和扩散，而且直接影响蚜虫为害程度，特别是遇到大雨、暴雨时，由于雨水的冲刷作用，蚜虫量会急剧下降，故可减轻蚜虫的为害。②长期的阴雨天气还常导致蚜霉菌的发生，其控制蚜量的作用更为明显。由此可见，雨水偏多对蚜虫的发生不利。如果秋季和春季天气干旱，往往能引起蚜虫大发生；反之，阴湿天气多，蚜虫的繁殖受到抑制，发生为害则较轻。

(3)风　风对有翅蚜迁飞有其重要影响。蚜虫的迁飞量随风速的加大而减少,在无风的条件下迁飞量较大。

(4)栽培　蚜虫在冬季油菜等十字花科蔬菜田间都有发生。秋季迁入油菜田,迁入盛期在10月至11月中旬。因此,油菜播栽越早,从其他十字花科作物上飞来的蚜虫越多,受害就越重。

(5)天敌　天敌可在很大程度上抑制蚜虫种群的增长。据不完全统计,在我国能捕食蚜虫的天敌至少有41科347种。重要的捕食性天敌有异色瓢虫、七星瓢虫、龟纹瓢虫、黑食蚜盲蝽、黑带食蚜蝇、大灰食蚜蝇、大草蛉、丽草蛉、小花蝽等。主要寄生性天敌有蚜茧蜂,常见的种类有麦蚜茧蜂、桃蚜茧蜂、菜蚜茧蜂、烟蚜茧蜂等。引起蚜虫致病的微生物主要是蚜虫霉与弗雷生虫霉。

【防治方法】　苗期、蕾薹期、开花结荚期为3个重点防治期。

1. 农业防治　减少虫源。油菜及十字花科蔬菜收获后,及时清洁田间,处理病株残体,铲除田间、畦埂、地边杂草。

2. 人工物理防治

(1)黄板诱蚜　利用大部分蚜虫对黄色具有正趋性,在油菜播种出苗后,可在田间设置黄色粘虫板进行诱杀。

(2)银灰膜驱蚜　利用蚜虫对银灰色的负趋性,在田园内、苗床上铺设或吊挂银灰色薄膜,可驱避多种蚜虫,预防病毒病。

3. 生物防治　① 注意保护天敌。②在蚜虫发生高峰期前在田间释放草蛉幼虫,可减轻蚜虫的为害。蚜虫与草蛉幼虫的比例为50∶100。

4. 药剂防治　防治时期:在苗期,有蚜株率达到10%,虫口密度达1～2头/株时;在抽薹开花期,10%的茎枝或花序上有蚜虫,虫口密度达3～5头/枝时。

常用药剂为:3%啶虫脒乳油1 500倍液,10%烟碱乳油800～1 000倍液,7%百树菊酯乳油4 000倍液,10%吡虫啉可湿性粉剂2 500倍液。

另外,播种前可用药剂拌种。①用 25%种衣剂 2 号 1 份和 50 份油菜种子拌裹;②用卫福 1 份和 100 份油菜种子拌裹。控制蚜虫有效期可达 30 天,不仅可减轻苗期病毒病,而且还可增产。

二、黑缝油菜叶甲

黑缝油菜叶甲俗名绵虫、黑蛆。属于鞘翅目,叶甲科。我国主要分布于河北、山西、陕西、江苏、甘肃等地。

【为害症状】 以成虫和幼虫咬食油菜、白菜等十字花科蔬菜的叶、茎、花、果。咬食处呈缺刻或孔洞,严重时叶片被吃光,咬掉生长点,造成缺苗断垄,甚至于毁种。

【识别特征】

1. 成虫 体长 6~8 毫米,黄褐色至赤褐色。头黑色,嵌入前胸内,头顶有 1 条黄褐色横纹。复眼和触角黑色。前胸背面黄色,背板中部具 1 个"凸"字形黑斑,两侧各有 1 个小黑点。鞘翅黄褐色,中胸小盾片、鞘翅中缝黑色,体腹面及 3 对足均为黑色。雌虫腹部大,末端露在鞘翅外。

2. 卵 长椭圆形,长 1.8 厘米,黄色至橙色。

3. 幼虫 纺锤形。老熟幼虫体长 11~13 毫米,背面黑褐色,腹面浅黄色,头、前胸背板及臀板均为黑褐色。腹部除末节外,其余各节背面均具有 3 排大小不一的深褐色肉瘤,瘤上有数根黑色刚毛。

4. 蛹 裸蛹,长 6~7 毫米,浅黄色至橙黄色。

【发生规律】

1. 生活史 年生 1 代。冬季以卵在油菜根部地表及土块、枯叶、杂草下越冬。翌年春季,油菜返青时开始孵化,并群集在油菜上取食为害。油菜黄熟后,成虫潜入 10~22 厘米深的土中越夏,秋季复出,迁入当年新播种的油菜田,为害油菜幼苗直至越冬。

2. 主要习性

(1)假死性　成虫和幼虫均具有假死性。成虫受惊后落地,不在地面或土中栖息,而向周围爬迁。

(2)群集性　幼虫和成虫均有群集性。幼虫孵化后,群集在油菜上取食心叶,咬坏生长点,造成油菜死亡。成虫在盛发期,也通常群集在植株上部为害。

(3)耐寒性　幼虫耐寒性较强,即使早春降雪,其生命也不会受任何影响。

(4)食性　成、幼虫以取食油菜嫩叶为主,常咬坏生长点,导致死苗。叶片被蚕食后仅残留主脉和大叶脉。

(5)喜光　幼虫喜光,喜欢白天活动为害,夜间、早晚及阴雨天潜伏在土块下。

(6)入土筑室化蛹　幼虫老熟后,钻入2~6厘米深的土中,筑土室化蛹。

(6)产卵　卵分散或成块产于土表或土块、枯叶下及油菜根部土缝中。

3. 发生与环境的关系

(1)气候　①冬季降雪少,早春气温回升快,有利于该虫大发生。②春季干旱少雨的气候条件十分有利于该虫的发生为害。

(2)品种　黑缝叶甲喜食白菜型油菜品种,所以白菜型油菜田比其他品种田受害重。

(3)地势　一般在背风向阳、低洼、崖根处虫口密度大。位于干旱半山区的田块为害最重,水浇地及高寒山区相对较轻。

【防治方法】

1. 农业防治

(1)品种选择　少种白菜型油菜品种,合理搭配冬、春油菜品种的种植。通常春油菜发生少、为害轻,冬油菜受害重。因此,扩大春油菜种植面积,可有效地控制该虫发生和为害。

(2)加强田间管理　在冬油菜生长期,虫情的消长与降水量和灌水有密切的关系。因此,加强田间管理,增肥、灌水,做到壮苗抑虫,减轻虫害。

2. 药剂防治　成虫产卵前、油菜抽薹前、幼虫为1~2龄阶段以及油菜结荚期,均为黑缝油菜叶甲的主要防治时期。

(1)土壤处理　用2.5%辛硫磷粉2千克/公顷(hm^2)拌细土或沙30千克,于播种时撒入土表,然后耙入或翻入土中,可防治越夏成虫及越冬卵块。

(2)毒饵诱杀　在油菜苗期,用敌敌畏或敌百虫拌麦麸、油渣制成毒饵诱杀。

(3)撒施毒土　早春防治幼虫可用辛硫磷拌毒土直接撒施进行防治,能有效降低虫口密度。也可每667平方米用2.5%溴氰菊酯乳油15~20毫升对水喷雾。

(4)喷粉　在油菜返青后抽薹前及幼虫初发阶段喷撒2%巴丹粉剂1.5~2千克/公顷。

(5)喷雾　油菜结荚期羽化成虫为害时,选喷下列药剂:①90%晶体敌百虫或20%氯马乳油3 000倍液。②2.5%溴氰菊酯乳油15~20毫升/公顷对水喷雾,还可兼治蚜虫、潜叶蝇等害虫。

三、油菜茎象甲

油菜茎象甲俗称油菜象鼻虫、球茎象甲等。属于鞘翅目象甲科。是油菜生产上的重要害虫之一,分布于我国各地油菜产区,以西北地区为害重。

【为害症状】　成虫啃食油菜叶片、嫩茎和嫩果表皮层。雌虫在油菜嫩茎上、叶柄处蛀孔产卵。幼虫孵化后,在油菜茎内上下蛀食髓肉,受害处肿大、扁平、扭曲、畸形直至崩裂。轻者油菜分枝、结角、籽粒数减少,千粒重减轻;严重时植株矮化,多头丛生,茎内蛀成隧道，风吹易倒，在结角前植株会死亡，造成颗粒无收。

【识别特征】

1. 成虫　体长3～3.5毫米，灰黑色，密生灰白色茸毛。喙长于前胸背板，口器着生在喙的端部。触角着生于喙的前中部。前胸背板有粗大的点刻，前缘向上翻起，中央有1凹线。每1鞘翅上各有9条纵沟，沟间有3列密而整齐的绒毛。中胸后侧片大，从背面可见。

2. 卵　椭圆形，长约0.6毫米。初产时乳白色，后为黄白色。

3. 幼虫　纺锤形。老熟幼虫体长6～7毫米。初孵时乳白色，后变为淡黄白色。头大，无足，背中央有1条淡灰色纵线。

4. 蛹　裸蛹，纺锤形。长3.5～4毫米，乳白色略带黄色。蛹外具椭圆形的土茧，茧表面光滑。

【发生规律】

1. 生活史　油菜茎象甲仅年生1代。以成虫在油菜地土缝中越冬。早春成虫出土活动，当油菜进入抽薹期，雌成虫在油菜茎上用口器钻蛀1小孔，将卵产于孔中。卵孵化后，幼虫即在茎中向上、下钻蛀取食为害。油菜收获前，幼虫从茎中钻出，落入土中，在距地表3厘米左右深的土中筑土室化蛹。油菜收获后，当气温超过28℃时，成虫便入土或在阴凉处的杂草、枯枝落叶的地下越夏，到了秋季迁入油菜田为害直至越冬。

2. 主要习性

(1)假死性　成虫有假死性，受惊落地不易被发现。

(2)越夏和越冬　夏天气温高于28℃成虫即入土越夏。冬天以成虫入土越冬。

(3)群集性　幼虫有群集为害的习性，一般几头在一个茎秆内取食为害，多的达10～20头在一起，常把茎秆蛀空，遇风易折断。

3. 发生与环境的关系

(1)气候 ①气温超过28℃成虫便入土越夏,气温在5℃时一般不活动,气温在15℃~20℃加上晴天活动最盛,超过24℃减弱。②气候干旱时易大发生。③大冻后翌年晚发油菜田块较重。

(2)苗势 苗势弱小、幼嫩的油菜植株受害重。

(3)地势 一般川区水地和高寒阴湿地区发生重,向阳半干地区发生轻。

【防治方法】

1. 农业防治

(1)降低越冬、越夏虫口基数 ①通过中耕、灌水,特别是早春灌溉,有条件的可保水1天,将成虫溺死,对减少越冬、越夏虫口基数有一定的效果。②土壤处理。油菜茎象甲成虫大多在地面5~15厘米耕层内越冬、越夏,可在油菜播前,选用50%辛硫磷乳油250~300毫升/公顷,拌毒土40~50千克,结合深耕耥耙施入,既能有效地毒杀茎象甲成虫,也能兼治其他地下害虫。③改变茎象甲越冬或越夏环境,铲除油菜田边、渠边、田埂、休闲地等处杂草,清除枯枝落叶,可收到较好的效果。

(2)合理布局 因成虫在土中和枯枝落叶下越冬或越夏,所以,避免连作,轮作换茬,可有效地降低田间茎象甲成虫存活量。

2. 药剂防治 要抓好越冬前、早春和苗期3个时期的防治,尤以早春防治最为关键。以喷药杀灭成虫为主。

(1)喷粉 春季成虫已开始活动而尚未产卵时,是防治油菜茎象甲的最佳时期。可选择喷撒1.5%乐果粉、2.5%敌百虫粉、4.5%甲敌粉或2.5%辛硫磷粉。喷粉剂量为2千克/公顷。

(2)撒毒土 50%辛硫磷乳油250~300毫升/公顷,加水1升稀释后与25~30千克细干土拌匀,制成毒土顺根条施。药剂改用90%晶体敌百虫200克也可。

(3)涂茎 可在油菜抽薹后,见到茎秆上出现初期被害状时,用1:3久效磷羊毛脂缓释涂茎剂涂于被害处下方,效果较好。

(4)喷雾　可选用4%联苯菊酯乳油500~600倍液,40%三唑磷乳油600~800倍液,10%醚菊酯悬浮剂500~600倍液。喷药部位以油菜根茎及根际土壤为重点。

四、小菜蛾

菜蛾俗称小菜蛾、小青虫、扭腰虫、两头尖、吊丝虫、吊吊虫、方块蛾。属于鳞翅目菜蛾科。为世界性害虫。我国各油菜产区均有发生,以南方各地发生较多。

【为害症状】　初孵幼虫啃食叶肉,在叶柄和叶脉内蛀食,形成细小的隧道。一至二龄幼虫取食叶下表皮和叶肉,残留上表皮、呈透明薄膜状,俗称"开天窗"。三至四龄幼虫将叶片食成孔洞或缺刻,严重时将叶片吃光,仅留网状叶脉。在苗期,幼虫尤其喜欢集中在心叶间为害,使植株不能生长或造成畸形。在留种株上还可啃食幼荚和籽粒,对油菜和留种菜造成很大威胁。

【识别特征】

1. 成虫　体长6~7毫米,翅展12~15毫米,灰黑褐色。前翅狭长,前缘暗褐色,后缘从翅基至外缘有1条三度弯曲的淡黄色或灰黄色波状纵带,停息时两翅合拢呈屋脊状,黄色纵带组成3个连串的菱形斑纹,缘毛长,翘起似鸡尾。后翅为银灰色,缘毛长。

2. 卵　椭圆形,长约0.5毫米。初产时乳白色,后变淡黄绿色。

3. 幼虫　纺锤形。老熟幼虫体长10~12毫米,黄绿色,两头尖细。头黄褐色。前胸背板具淡褐色小点,排列成两个"U"字形。臀足向后伸长超过腹部末端。

4. 蛹　长5~8毫米,体色多变。腹部2~7节背侧面各有1个小突起,肛门周围有3对钩刺,腹末有4对沟状臀刺。蛹被包裹在纺锤形、白色丝质的薄茧中。

【发生规律】

1. 生活史 年生 3～19 代。黑龙江年生 3 代，北京、山东为 3～4 代，华北、内蒙古为 4～6 代，成都为 6～7 代，江苏为 8～11 代，上海为 12～13 代，杭州为 9～14 代，云南为 9～15 代，广西为 17 代，台湾为 18～19 代。北方及西部地区以蛹在植株上越冬；扬州以老熟幼虫和蛹在冬季蔬菜上越冬；南方各地终年可见各虫态，无越冬和越夏现象。

2. 主要习性

(1)食性杂 除为害油菜和十字花科蔬菜外，还可取食番茄、马铃薯、生姜、洋葱和一些观赏植物的紫罗兰、桂竹香及药用植物板兰根等多种植物。

(2)趋光性强 成虫对黑光灯、日光灯有强趋光性。通常气温在 10℃以上即可扑灯，晚 7～9 时扑灯最多。

(3)飞翔力不强 成虫飞翔能力不强，但可借风力进行远距离传播。

(4)耐寒力极强 幼虫在 0℃下可忍耐 42 天。－4℃ 时尚可取食。即使在－18℃的低温下，田间各龄幼虫仍可存活。

(5)产卵有强的选择性 ①成虫喜欢选择在甘蓝、白菜、花椰菜等作物上产卵。②卵多产于叶背面靠近主脉处有凹陷的地方。

(6)幼虫习性 ①初孵幼虫蛀入叶的上下表皮之间，取食叶肉，形成小隧道。二龄虫退出隧道，在叶背或心叶上取食。②幼虫活泼，受惊时剧烈扭动，并吐丝下垂逃走，也称“吊死鬼”。

(7)化蛹场地 幼虫老熟后，多在叶背面或枯叶上化蛹，也有的在茎、叶柄、叶腋或枯草上吐丝结茧化蛹。

3. 发生与环境的关系

(1)气候 ①温度。菜蛾各虫态发育与繁殖适宜的温度为 20℃～28℃，最适温 25℃左右。低于 20℃或高于 29℃成虫寿命缩短，产卵量减少。成虫对温度适宜范围广，在 0℃环境中可存活几个月,在10℃以上温度下可以扑灯,在10℃~42℃的温度范围内可以产卵繁殖。②雨水。雨水对菜蛾有一定抑制作用,特别是低龄幼虫更为敏感。通常在夏、秋两季,常因暴雨的冲刷导致大量幼虫死亡,使之为害减轻,所以夏季干旱少雨年份为害较重。

(2)食料　菜蛾主要取食十字花科植物,并偏嗜甘蓝型植物。这些植物通常在春、秋两季生长,而且,此时的气候也最适合于小菜蛾的生长发育。因此,凡是十字花科植物周年不断,特别是甘蓝型植物种植面积又大的地区,菜蛾食料丰富,发生、为害严重。

(3)天敌　小菜蛾幼虫和蛹的寄生性天敌种类较多。常见的有姬蜂、绒茧蜂、啮蜂、病毒、细菌等。

【防治方法】

1. 农业防治

(1)减少虫源　油菜收获后及时清除田间残株老叶或进行冬耕,消灭越冬虫源,压低春季虫口密度。

(2)避免连作　合理布局,尽量避免小范围内油菜或十字花科蔬菜周年连作。

2. 人工及物理防治

(1)灯光诱杀　在成虫发生期,每3.33公顷(50亩)设置1盏频振式杀虫灯进行诱杀。灯的位置要高于油菜地33厘米,可诱杀大量成虫。

(2)性引诱剂诱杀　首先将直径为18厘米的小塑料水桶内装其容积80%的水,并加少量洗衣粉,置于距地面30厘米高处。然后,将放有小菜蛾性引诱剂的铁丝悬挂在离水面1~2厘米处,通过性诱,可诱杀大量的雄成虫,以降低雌成虫的生殖能力。将性引诱剂与灯光结合使用,可取得更好的防治效果。

3. 生物防治　日均温度达20℃以上时,喷洒以下生物农药:①用B.t制剂(100芽孢/克)750~1 500克/公顷对水600升,喷雾;②用Bt生物复合病毒制剂750~1 500克/公顷,对水450升喷雾;

③将感染菜蛾颗粒病毒病的4~5头菜蛾病体磨碎，对水1 000~2 000倍，再加0.1%活性炭，喷洒，防效可达80%以上。

4. 药剂防治 当油菜幼苗长到8~10片叶时进行田间检查，如每平方米幼虫达到20头以上，应抓紧在幼虫孵化盛期或二龄前进行喷药防治。喷药时重点喷雾心叶和叶背面。常用药剂有：40%毒死蜱乳油600~800倍液，1%阿维菌素乳油700~1 000倍液，5%氟铃脲乳油800~1 200倍液，5%氟啶脲乳油600~1 200倍液，30%茚虫威水分散粒剂5 500~10 000倍液。

五、菜粉蝶

菜粉蝶俗称菜白蝶、白粉蝶，幼虫称菜青虫。属于鳞翅目粉蝶科。分布于世界各地。菜粉蝶在我国各地都有发生和为害。

【为害症状】 菜粉蝶仅以幼虫为害。初孵幼虫啃食叶片，残留表皮。3龄以后蚕食叶片，咬成孔洞和缺刻，仅剩叶柄和较粗的叶脉。苗期受害严重时整株死亡。此外，幼虫排出的大量虫粪污染叶面和菜心，甚至导致病害的发生。

【识别特征】

1. 成虫 体长12~20毫米，翅展45~55毫米。雌虫淡黄白色，前翅前缘和翅基部约1/2翅面为灰黑色，顶角有1个大三角形黑斑，翅中下方有2个显著的黑色圆斑。后翅前缘离翅基2/3处有1个黑斑。雄虫乳白色，前翅正面灰黑色部分较小，翅中下方的2个黑斑仅前面1个较明显。

2. 卵 长约1毫米，短径约0.4毫米。初产时淡黄色，后变橙黄色，表面有许多纵、横脊纹，形成长方形的小格。卵散产。

3. 幼虫 老熟幼虫体长28~35毫米，青绿色，背中线淡黄色，腹部各节各有4~5条横皱纹。体表上密布细小黑色毛瘤，上生细毛。沿气门线有黄色斑点1行。

4. 蛹　纺锤形，长 18～21 毫米。体色常随附着物不同而异，常有灰黄色、灰绿色、灰褐色、青绿色等颜色。头端有 1 个管状突起，胸部也有尖突。

【发生规律】

1. 生活史　菜粉蝶在内蒙古、辽宁、河北、北京等地，1 年生 4～5 代，上海 5～6 代，南京 7 代，杭州、武汉 8 代，长沙 8～9 代；再往南世代又有所减少，如广西只年生 7～8 代。这可能是由于南方天气炎热的时间长，不利于其生长发育。各地菜粉蝶均以蛹越冬，越冬场所多在秋菜田附近的房屋墙壁、屋檐、篱笆、风障、树干上，或在砖石、土缝、杂草、残株落叶间。由于越冬处所环境复杂，温度差异大，越冬代成虫羽化期很长，导致世代重叠，防治困难。

2. 主要习性

(1)活动习性　成虫通常在早晨露水干后开始活动，以晴朗无风的中午最活跃。喜欢在开花植物上吸食花蜜，所以近蜜源的油菜田地着卵多、受害重。

(2)产卵习性　雌虫产卵具有趋边习性，通常在田四周产卵较多。卵散产，直立于叶上。夏季多产在叶背，冬季多产在叶片正面，少数产在叶柄上。

(3)吃卵壳习性　幼虫多在清晨孵化。初孵幼虫先吃去卵壳，然后才取食叶片。

(4)化蛹场所　除越冬代外，其他各代幼虫老熟后，多在菜叶背面、植株基部及叶柄等处蜕皮化蛹。

3. 发生与环境的关系

(1)气候　①菜青虫适宜温暖湿润的气候条件。生长发育适宜温度为 16℃～31℃，空气相对湿度 68%～80%。最适温度为 20℃～25℃，空气相对湿度 76%左右。②忌高温低湿，当温度高于 32℃、空气相对湿度为 68%以下时，幼虫就会死亡。夏季气温高、雨水多，特别是遇到暴雨，卵和初孵幼虫常因高温和雨水的机械冲刷而大量死亡，这就是造成夏季虫口下降的原因之一。

(2)食料　菜粉蝶主要取食十字花科蔬菜。有无十字花科蔬菜植物，与菜粉蝶发生关系非常密切。所以靠近住宅区、菜园等地，由于十字花科蔬菜植物多，油菜田虫源基数大，受害严重。

(3)栽培　早播、早栽及生长好的油菜田发生重。

(4)天敌　菜粉蝶的天敌很多。寄生于卵的天敌有广赤眼蜂，捕食性天敌有花蝽；寄生于幼虫的有粉蝶绒茧蜂、微红绒茧蜂、蝶蛹金小蜂、日本追寄蜂；寄生于蛹期的有舞毒蛾黑疣姬蜂、粉蝶金小蜂、广大腿小蜂、次生广大腿小蜂、寄蝇等。捕食幼虫和蛹的天敌有胡蜂、步甲、猎蝽等。此外，还有一些寄生菌，它们在抑制菜粉蝶种群数量上起到很大作用。

【防治方法】

1. 农业防治

(1)减少虫源　在油菜及其他十字花科植物收获后，应及时把残株、老叶清除掉。深翻土地，消灭田间残留的幼虫和蛹。

(2)避免连作　油菜与非十字花科植物轮作，可减轻虫害。

2. 生物防治

(1)保护天敌　少用广谱和残效期长的农药，放宽防治指标，避免杀伤天敌。

(2)释放赤眼蜂　在有条件的地区，人工释放广赤眼蜂，通常在产卵盛期每667平方米放蜂10 000头，每隔5～7天放1次，连续放蜂3～4次。

(3)喷洒生物农药　①在卵孵化盛期、气温20℃以上时，每667平方米用苏云金杆菌(B.t)可湿性粉剂(16 000国际单位/毫克)25～30克，或Bt悬浮剂(2 000国际单位/毫克)100～150毫升，或苏云金杆菌悬浮剂800～1 000倍液(100亿个/克以上活芽孢)，选择喷洒，1周后再喷1次。②在苗期每667平方米用1 000 PIB/毫克黏核病毒250克，喷洒1次。定植后每隔3～4天喷洒1次，连续防治3次。以后每隔7天喷药1次,全生长期约防治8次。③用菜青虫颗粒病毒虫体3~5克或10~20头因感染病毒而死的虫尸,研磨后加水30~60升稀释,加入0.1%洗衣粉喷雾。若与低浓度农药混用,效果更显著。

3. 药剂防治　菜青虫药剂防治适期是成虫产卵高峰后1周左右或幼虫2龄高峰期以前。可选用以下药剂进行喷雾防治:1.8%阿维菌素1200~1600倍液,40%毒死蜱乳油600~800倍液,25%灭幼脲悬浮剂2000~3000倍液,0.2%苦参碱水剂500~600倍液,30%茚虫威水分散粒剂12000~20000倍液。

附:为害油菜的其他几种粉蝶主要识别特征比较

几种粉蝶主要识别特征比较

虫态	东方粉蝶	大菜粉蝶	黑脉粉蝶	云斑粉蝶
成虫	前、后翅的外缘各有3~5个三角形黑斑	前翅斑纹特别大而且明显 顶角黑色,内缘圆弧形 雌蝶具3个黑斑,排列略呈弧形 雄蝶无黑斑。后翅白色,有时微带黄色,前缘具黑斑	前翅脉纹、顶角及后缘均为黑色 前翅顶角有1个大黑斑。翅面2个黑斑,下面的1个黑斑与后缘的黑带连接 后翅反面带黄色,前缘基部有黄斑,外缘有1个黑斑	体灰黑色 翅灰白色。前翅顶角处均有一群黑斑,中室外有1个大黑斑。雌蝶黑斑比雄蝶大
卵	卵瓶状	卵瓶状,长约1毫米,淡黄色	卵瓶状,长1毫米	卵瓶状,较尖
幼虫	虫体黄色。体背有黑褐色的毛瘤,周围有墨绿色的圆斑 背线黄色 腹背第七节有2个黄斑	体背黄色,体侧具白毛构成的隐约条纹,各节每侧具1个显著黑斑 头部黑色,在额区及沿颅中沟两侧有“A”形黑带 胸部蓝绿色,带黑点	与彩粉蝶相似,但气门线上只有1个环状黄斑,围绕气门	休黄色,散布紫黑色突起 具有带黄紫色的宽背线和亚背线,形成明显的3条纵带

续表

虫态	东方粉蝶	大菜粉蝶	黑脉粉蝶	云斑粉蝶
蛹	头前的中突呈管状且长	蛹淡黄色至绿色,具黑斑或黑点	蛹纺锤形,两端稍尖	体表散布黑斑

六、油菜潜叶蝇

油菜潜叶蝇也叫豌豆潜叶蝇、菠菜潜叶蝇,俗称夹叶虫、叶蛆、串叶虫。属于双翅目潜蝇科。国外分布广,主要分布于非洲、北美、澳洲、欧洲和亚洲的日本。我国除西藏、新疆、青海未见报道外,其他各省、自治区、直辖市都有分布。

【为害症状】 幼虫潜入寄主叶片表皮间,取食叶肉,曲折穿行,造成不规则的灰白色线状隧道,严重时整个叶片布满虫道,叶片逐渐变白,失去光合作用能力,提早脱落,尤以植株基部叶片受害最为严重。通常受害植株提早落叶,影响结荚,导致减产,严重时植株枯萎死亡。

【识别特征】

1. 成虫 体长 1.8~2.7 毫米,翅展 5~7 毫米,暗灰色,疏生黑色刚毛。复眼红褐色。胸、腹部和足黑色。但中胸侧板、翅基、腿节末端、各腹节后缘黄色略带灰色。中胸具 4 对粗大的背鬃。前翅半透明,有紫色反光。

2. 卵 长卵圆形,长 0.3 毫米左右,淡灰白色,略透明,表面光滑。

3. 幼虫 蛆状,体长 2.9~3.4 毫米。初孵化时乳白色,渐转黄白色或鲜黄色。

4. 蛹 长卵圆形略扁,体长 2.1~2.6 毫米。初化蛹时为乳白色,渐转为淡黄色、黄褐色、黑褐色。

【发生规律】

1. 生活史　年生3～18代。宁夏年生3～4代，东北、河北为5代，淮河流域为8～10代，长江流域为10～13代，福建为13～15代，广东可发生18代。在北方地区以蛹在油菜、豌豆及苦荬菜等组织内越冬；南岭以北、长江以南则多以蛹越冬，也有少数以幼虫和成虫越冬；南岭以南终年可以繁殖，无越冬现象。越冬蛹在翌年早春羽化，羽化的成虫先在豌豆上产卵为害，3～4月份转移到油菜田内繁殖为害，油菜开花期为害最为严重。

2. 主要习性

(1)活动习性　成虫白天活动，对甜汁有趋性，常吸食花蜜及叶片汁液补充营养。

(2)产卵习性　成虫将卵散产在嫩叶背面的边缘，以叶尖处最多，并喜欢选择高大、茂密的植株产卵。因此，植株高大的油菜受害较重。

(3)食性　幼虫食性复杂。据文献记载，已知寄主植物有21科137种，主要为害油菜、豌豆、萝卜、白菜等十字花科蔬菜及多种草本花卉和苍耳等多种杂草，尤以油菜、豌豆受害最重，严重影响豆荚种子饱满度、结荚及其产量和产品质量。

(4)耐寒而不耐高温　喜偏低的温度，在0℃的气温中幼虫和蛹仍能发育。但不耐高温，气温达35℃以上时成虫大量死亡。幼虫以蛹越夏。夏季气温高是其种群数量下降的主要原因。

(5)取食习性　幼虫由叶缘向内取食叶肉，将叶片蛀成灰白色弯曲隧道。随着虫体的长大，蛀道不断加宽延长，但不穿过叶片的主脉。

(5)化蛹　幼虫老熟后，先将隧道末端表皮咬破，然后化蛹，使蛹的前气门与外界相通，同时也便于成虫羽化。

3. 发生与环境的关系

(1)温度　成虫和幼虫适宜在15℃～20℃的温度下生存，超过35℃不能生存，所以多在阴凉处的寄主上度夏。

(2)食料　寄主植物很多，但最喜欢取食豆科及油菜等十字花科蔬菜。取食不同的寄主植物，对其各虫态的发育历期有明显的影响。此外，成虫寿命还与补充营养的水平有密切的关系。

(3)栽培　在油菜、豆类和十字花科蔬菜等植物种植面积大，而且连片、集中的田块常发生量大，为害严重；反之则轻。

(4)天敌　寄生幼虫的主要天敌有油菜潜叶蝇姬小蜂、豌豆潜叶蝇姬小蜂、潜叶蝇、茧蜂等。在自然情况下，天敌对豌豆潜叶蝇种群数量的控制也起着重要作用。

【防治方法】

1. 农业防治　早春及时清除田间、田边杂草，摘除油菜花叶。在油菜、豌豆及十字花科蔬菜收获后，及时清除田内枯枝落叶，以减少下代及越冬的虫源基数。

2. 人工、物理防治　根据成虫对甜汁有趋性的习性，配制毒糖诱杀。①在成虫盛发期，用甘薯、胡萝卜煮出液，或3%红糖液加0.5%敌百虫制成毒糖液，在田间每隔3米左右点喷10～20株油菜，每隔3～5天点喷1次，连喷4～5次，即可杀灭大量成虫。②用醋100克、红糖100克、白砒50克加水1升煮沸，调和均匀，拌干草和树叶40千克，撒布田间，也可杀死部分成虫。

3. 生物防治　注意保护天敌。

4. 药剂防治　注意掌握在成虫盛发期或幼虫潜蛀始期，当有虫株率达10%时，在早晨或傍晚喷洒农药防治。

(1)喷雾　选用下列药剂：1.8%阿维菌素乳油600～1 200倍液，40%毒死蜱乳油750～1 000倍液，30%灭蝇胺可湿性粉剂1 500～1 800倍液。

(2)喷粉　2.5%敌百虫粉剂，每667平方米喷2～2.5千克，视虫情每隔7～10天防治1次，共防治2～3次，可取得明显的效果。

(3)带药移栽　方法是在移栽时，用手握住油菜苗的根基，将苗叶在40%乐果乳剂2000倍液里浸一浸,这样不仅可消灭幼苗叶上的害虫,而且对移栽到大田后的幼苗也有一段时间的保护作用。

七、美洲斑潜蝇

美洲斑潜蝇俗称潜叶蝇、地图虫、蔬菜斑潜叶蝇、蛇形斑潜叶蝇、甘蓝斑潜叶蝇、苜蓿斑潜叶蝇。属于双翅目潜蝇科。美洲斑潜蝇是一种危险性的害虫,为世界检疫对象。原分布于巴西、加拿大、美国、墨西哥、古巴、巴拿马、智利等30多个国家和地区。我国1993年在海南省首次发现,后迅速蔓延,现已扩展至20多个省、自治区、直辖市。

【为害症状】 以幼虫潜入叶片内取食叶肉,形成不规则的白色蛇形虫道。随着幼虫成熟,虫道逐渐变宽,两侧留下交替平行排列的粪便,构成1条黑色条纹。虫道一般不交叉、不重叠,终端明显变宽,这是区别于其他潜叶蝇为害状的重要特征。此外,雌成虫在叶片上刺孔产卵,形成不规则的白点,轻者影响叶片的光合作用和营养物质的输导,严重时受害植株叶片变黄、枯死,甚至整株死亡。

【识别特征】

1. 成虫 体小型,长1.3~2.5毫米,浅灰黑色,腹面黄色。头部黄色,外顶鬃着生在黑色区上,内顶鬃着生在黄色区上或是黑色区上。眼后眶黑色。中胸背板亮黑色,中胸侧板大部分黄色。足黄色,两侧有淡棕色斑纹。

2. 卵 椭圆形,长0.2~0.3毫米,白色半透明。

3. 幼虫 蛆状,老熟幼虫体长可达3毫米。初孵幼虫无色,后变为鲜橙黄色。

4. 蛹 长椭圆形,长1.3~2.3毫米。围蛹,腹面略扁平,橙黄色,羽化前为深褐色。蛹后气门3孔。

【发生规律】

1. 生活史 年生 7~20 代。辽宁年生 7~8 代,江苏为 9~11 代,浙江 13~14 代,广东 14~17 代,昆明 20 代。美洲斑潜蝇在各地发生为害常因气候、食料不同而异。广州地区从 4 月份开始发生为害,6~10 月份为害较重。夏季气温超过 34℃发生受到抑制。在北京地区,田间初见为 5 月份,主要为害时期是 7 月中旬至 9 月中下旬。在保护地种植条件下,5~6 月份和 10~11 月份为两个发生高峰期。在北京地区露地条件下该虫不能越冬,保护地是其主要越冬场所。在南方温暖季节和北方温室条件下,能终年繁殖。

2. 主要习性

(1)食性 食性广,为害作物多。在我国已发现为害油菜等 26 科 312 种植物。

(2)趋性 成虫具趋光、趋蜜和趋黄性。

(4)耐温性 成虫耐高温能力强。研究表明,即使在 40℃恒温下,经过 6~8 小时后观察,仍有 50%的成虫能够存活。

3. 发生与环境的关系

(1)气 候

①温度:最适宜温度为 22℃~31℃。超过 30℃或低于 20℃则发育缓慢,而且未成熟幼虫的死亡率较高。高于 36℃时,其卵不能孵化,蛹不能羽化。

②湿度:最适宜的空气相对湿度是 30%~70%,叶面上有水不利于蛹的羽化。降水量大会增加其死亡率,在蛹期,若地面上积水过多,会溺死大量的蛹。

(2)食料 食性杂,寄主植物多,选择性强。通常豆类、瓜类、茄类和十字花科植物种在一起时,则豆科和瓜类受害重。

(3)天敌 ①自然天敌资源十分丰富,已发现寄生性和捕食性天敌 17 种。②幼虫和蛹的主要捕食性天敌有瓢虫、小花蝽、草蛉、蚂蚁及蜘蛛等。③幼虫期寄生蜂主要有底比斯釉茧小蜂、丽潜蝇、姬小蜂、反颚茧蜂、潜叶蜂等。这些寄生蜂除在美洲斑潜蝇幼虫体内寄生致幼虫死亡外，还可通过取食和刺伤幼虫而使幼虫死亡，对美洲斑潜蝇的发生和为害起一定的抑制作用。据资料记载，春季未施药保护地美洲斑潜蝇幼虫被寄生率可达13.8%，夏季露地田间幼虫被寄生率常达60%以上，不施药地块幼虫被寄生率最高可达98.3%。因此，合理施药及保护和利用天敌十分必要。

【防治方法】

1. 农业防治

(1)严格检疫　防止人为传播。发现被害植株及时清除销毁。

(2)套作或轮作　在美洲斑潜蝇发生地区，最好实行与非美洲斑潜蝇喜食作物套作或轮作换茬，以减轻其发生与为害。

(3)压低虫源基数　收获后及时清除田间植株残体，铲除田内外杂草，减少虫源基数。

(4)灭蛹　对前茬为寄主作物的田块，油菜种植前浸水或深翻晒垡，可减少土中的活蛹量。

2. 人工、物理防治　①在虫害发生高峰时，摘除带虫叶片集中销毁。②依据美洲斑潜蝇成虫的趋黄习性，用灭蝇纸、黄板等诱杀成虫。每667平方米设置15个诱杀点，每点放置1张灭蝇纸。诱虫板应略高于油菜苗，最好3~4天更换1次。

3. 生物防治　据调查，在不用药的情况下，田间寄生蜂天敌寄生率可达60%以上，最高可达98.3%。因此，合理施用农药，有效地保护和利用天敌，也可取得一定的防治效果。

4. 药剂防治　在成虫羽化、幼虫始盛期是药剂防治的主要时期。所选药剂同油菜潜叶蝇。

八、菜　蝽

菜蝽俗称河北菜蝽、花菜蝽、云南菜蝽、斑菜蝽、姬菜蝽、萝卜赤条蝽等。属于半翅目蝽科。分布于我国各油菜和十字花科栽培区,以吉林、河北居多。

【为害症状】 以成、若虫刺吸油菜等十字花科蔬菜叶片、茎、花,尤喜刺吸嫩芽、嫩茎、嫩叶、花蕾及幼荚。植株被害处呈现黄白色至微黑色斑点。幼苗期受害后致植株萎蔫,甚至枯死;花期受害后,不能结荚或籽粒不饱满。严重影响油菜的生长和产量。

【识别特征】

1. 成虫 体长 6.5~9 毫米,橙红色或橙黄色。头部黑色,侧缘上卷,橙红色或橙黄色。前胸背板橙红色,具 6 个黑斑,前方 2 个横斑,后方 4 个斜长斑。小盾片黑色,基部中央有 1 个大三角形黑斑,外缘为橙黄色或橙红色"Y"形纹。半翅鞘黑色,革片具橙黄色或橙红色曲纹,在翅外缘形成 2 个黑斑。膜片黑色,具白边。足黄色、黑色相间。腹部侧缘红色、黑色相间,腹下中区有黑横带 5 条。

2. 卵 高 0.8~1.1 毫米,初产时乳白色,后变黑色。顶端有 1 条宽的灰白色环纹,中央有不规则的白色花纹。卵成块状,每块 12 粒,分 2 行排列。

3. 若虫 末龄若虫头黑色,体灰褐色。前胸背板有 2 个葫芦形暗斑;小盾片两侧有 2 个卵形橙色区域。翅芽黑色,腹部 4~6 背面节黑斑上臭腺孔显著。

【发生规律】

1. 生活史 菜蝽在北方年生 2~3 代,南方 5~6 代。各地均以成虫在石块下、土缝内及落叶、枯草中越冬。越冬成虫在翌年 3 月下旬开始活动为害,5~9 月份为成、若虫的主要为害时间,10 月份开始越冬。

2. 主要习性

(1)产卵习性 雌虫产卵多在夜间进行。一般将卵产在叶背面,少数产在茎上。

(2)群集性 菜蝽的初孵幼虫群集在卵壳周围。

(3)活动习性　成、若虫均喜欢在叶背面活动，早、晚或阴天成虫有时爬到叶正面。

【防治方法】

1. 农业防治　收获后清除田间枯枝落叶和杂草，及时翻耕，可减少越冬虫源。

2. 人工、物理防治　①人工摘除卵块。②捕杀成虫和若虫。

3. 药剂防治　掌握在若虫期或幼虫3龄前喷药。常用药剂为：①90%晶体敌百虫、40%乐果乳油、40%乙酰甲胺磷乳油、50%倍硫磷乳油、50%杀螟松乳油1000倍液。②2.5%溴氰菊酯乳油3000倍液，50%辛氰乳油3000倍液。

附：其他几种为害油菜的蝽成虫的主要识别特征比较

几种菜蝽成虫主要识别特征比较

虫体	横纹菜蝽	新疆菜蝽	巴楚菜蝽
体色	黄色或红色。具黑斑，全身密布刻点	体上色斑为黄色、白色、橙红色，具黑斑	淡黄绿色，具黑色斑纹
头部	蓝黑色略闪光，侧缘上卷，边缘红黄色	黑色，有3个黄白色小斑点，边缘黄色	淡黄绿色，具2对倒“万”字形黑纹
前胸背板	红黄色。具4个大黑斑，前排2个呈三角形；后排2个横斑大，不定形，端部1/3处常收缢，或在收缢处断裂为2个斑	具6块黑斑，前2后4；后4个斑多合并成2块大斑。背板上具一“T”字形纹	左右各有1个“厂”字形黑纹，其下方横列2个黑纹
小盾片	蓝黑色，外缘有1个黄色“Y”字形纹，近末端两侧各具1个小黑斑	基部为三角形大黑斑，外缘有1黄白色“Y”字形纹。其顶端呈箭状，橙红色，末端两侧各具1个小黑圆斑	淡黄绿色。基缘和两侧均具黑色线纹，前方中央有1对基部相连的倒三角形黑斑，近末端两侧各有1个小黑斑
革片	蓝黑色，具闪光，末端有1条红黄色横斑	底色为黄白色，具1个大黑斑、1个小黑斑和2个红色小斑。外缘黄白色，中央具1个黑斑	前翅革片具1条黑色纵纹和3个不规则的黑斑
膜片	棕黑色，稍长于腹部，有整齐的白色边缘	膜片黑色	暗褐色，边缘色淡，稍长于腹部

九、甘蓝夜蛾

甘蓝夜蛾俗称甘蓝夜盗虫、菜夜蛾、地蚕、夜盗虫等。属鳞翅目夜蛾科。国外分布于亚、非、欧、美各洲。我国分布于全国各地，以北方发生较重。

【为害症状】 以幼虫为害叶片。幼虫刚孵化时集中在所产卵块的叶背取食，使叶片残留表皮，呈现出密集的“小天窗”状；2～3龄幼虫将叶吃成小孔；三龄后幼虫分散为害，昼夜取食；六龄幼虫白天潜伏在根际土中，夜间出来暴食，把叶片吃成大孔，仅留叶脉、叶柄，甚至可将寄主吃光，再成群迁移邻田为害。

【识别特征】

1. 成虫 体长15～25毫米，翅展30～50毫米。灰褐色。前翅有灰黑色环状纹和肾状纹，肾状纹外缘灰白色。近前翅顶角前缘有3个小白点，沿外缘有1列黑点。后翅灰色，无斑纹。

2. 卵 半球形，底径0.6～0.7毫米。表面具放射状纵棱，棱间具横隔，初产黄白色，孵化前紫黑色。

3. 幼虫 老熟幼虫体长40毫米左右。初孵幼虫黑绿色，后体色多变，淡绿色至黑褐色不等。体节明显。背线、亚背线灰黄色而细，背面有2个马蹄形斑纹。气门线及气门下线成1条灰黄色宽带。一、二龄幼虫前2对腹足退化，行走似尺蠖。

4. 蛹 长20毫米左右。赤褐色或深褐色，背面中央具有1条深褐色纵行暗纹。腹部第五至第七节近前缘处刻点较密而粗。臀刺深褐色，较长，末端着生2根呈球状的长刺。

【发生规律】

1. 生活史 年生2～4代。西藏年生1代，东北、西北2代，辽宁、新疆、华北、华中、华东2～3代，四川、湖南、陕西3～4代。以蛹在土中越冬，翌年春季当气温上升到15℃～16℃时成虫羽化、产卵,孵化幼虫为害。为害严重时期,北方 6~7 月份,南方 4~5 月份或 9~10 月份。夏季蛹滞育,直到 9 月份才羽化。

2. 主要习性

(1)趋性　成虫对糖、醋味有趋性;雌蛾喜欢将卵产于生长茂盛、叶色深绿的植物上。

(2)补充营养　成虫羽化后需吸食蜜源作为补充营养,若蜜源植物多,补充营养充足,则成虫产卵量高。

(3)群集性　初孵幼虫在叶背卵块附近群集取食,二龄以后才分散为害。

(4)暴食性　幼虫 4 龄后食量开始增多;以六龄食量最大,其食量占整个幼虫期总食量的 80%~90%,为害最严重。

3. 发生与环境的关系

(1)气候　喜温暖和偏高湿的气候,日均气温 18℃~25℃、空气相对湿度 70%~80%有利其生长发育,气温低于 15℃或高于 30℃、空气相对湿度低于 65%或高于 85%则不利其发生。

(2)食性　食性极其复杂,已知寄主达 45 科 100 余种。主要为害油菜等十字花科及茄果类、豆类、瓜类、马铃薯等蔬菜。

(3)食料　越冬虫口密度大小,决定于冬季作物种类多少。凡冬季收获早、植株密度较小、致幼虫营养条件不良的,幼虫化蛹前的迁移量就大,因而,本田内虫口密度就小;反之,虫口密度就大。

(4)栽培　成虫喜欢在高大茂密的作物上产卵,所以水肥条件好、长势旺盛的菜地受害重。

(5)天敌　①主要寄生性天敌有广赤眼蜂、松毛虫赤眼蜂、核卵蜂、拟澳赤眼蜂、甘蓝夜蛾拟瘦姬蜂、冠毛喙寄蝇等。②捕食性天敌有马蜂、步甲、蜘蛛等。③病原微生物有甘蓝夜蛾核型多角体病毒及虫霉等。这些天敌对甘蓝夜蛾的发生程度具有一定影响。

【防治方法】

1. 农业防治　翻耕灭蛹。油菜收割后,及时进行翻耕,可使一部分越冬蛹暴露于地面，经过暴晒、鸟类啄食，再经过严寒的冬天，能直接杀死一部分蛹，减少翌年虫口基数。

2. 人工、物理防治

(1)毒液诱杀　利用成虫趋性，采用糖、醋、酒和农药配制成毒液，诱杀成虫。配制方法是：按 3 份糖、4 份醋、1 份酒、2 份水的比例进行混配，配好后加少量敌百虫即可。

(2)摘卵灭幼虫　掌握成虫卵期及初孵幼虫期集中取食的习性，结合田间管理，摘除有卵块及初孵幼虫的叶片，不仅可消灭大量的卵和初孵幼虫，而且还可减少田间虫源基数。

3. 生物防治

(1)喷洒生物农药　在幼虫三龄前，用 B.t 悬浮剂、B.t 可湿性粉剂(每克含 100 亿个孢子)500～1 000 倍液喷洒或喷雾。

(2)释放赤眼蜂　卵期释放。每 667 平方米设 6～8 个点，每次每点放蜂 2 000～3 000 头，每隔 5 天放 1 次，连续放 2～3 次。

4. 药剂防治　防治适期是在成虫盛期开始1周后进行。此时刚孵化出来的低龄虫集中取食为害，食量小，抗药力弱。常用药剂为：①90%晶体敌百虫 1 000～1 500 倍液。②30%茚虫威水分散粒剂 5 500～10 000 倍液。③50%敌敌畏乳油 1 000～1 500 倍液。④80%敌敌畏乳油 1 500～2 000 倍液。

十、猿叶虫

猿叶虫包括大猿叶虫和小猿叶虫 2 种，均属鞘翅目，叶甲科。成虫俗称黑壳甲、乌壳虫；幼虫俗称癞虫、滚蛋虫、弯腰虫等。大猿叶虫属寡食性害虫，我国各地均有分布；小猿叶虫在江南常与大猿叶虫相并发生。

【为害症状】　成、幼虫均为害叶部，把叶片咬成许多豆粒大小的孔洞或缺刻。严重发生时仅留下主脉和叶柄，被害叶子则成为筛子底状。

【识别特征】 见表6-1。

表6-1　大猿叶虫与小猿叶虫识别特征比较

虫态	虫体	大猿叶虫	小猿叶虫
成虫	体长	4.7~5.2毫米	3.3~3.5毫米
	体形	长椭圆形,末端尖	卵圆形
	体色	蓝黑色,略带金属光泽	蓝色,带绿色光泽
	小盾片	三角形	近似于圆形
	鞘翅	鞘翅上散生不规则大而深的刻点	鞘翅上有11行细密的小刻点
	后翅	后翅发达能飞翔	后翅退化,不能飞翔
卵	卵长	1.5毫米,长椭圆形,橙黄色	1.2毫米,长椭圆形,初产鲜黄色,后变暗黄色
幼虫	体长及体色	老熟幼虫体长约7.5毫米。体灰黑色稍带黄色	老熟幼虫体长6.8~7.4毫米。初孵幼虫淡黄色,后变褐色
	肉瘤及刚毛	每体节有大小不等肉瘤20个,瘤上刚毛不明显	每体节有肉瘤8个,瘤上刚毛明显
蛹	体长	6毫米左右	3.4~3.8毫米
	颜色	半球形,黄褐色	近半球形,淡黄色
	腹部	腹部各节侧面各具黑色短小刚毛1丛,腹末有1对叉状突起、尖端紫黑色	腹部各节没有成丛的毛,腹部末端也没有叉状突起

【发生规律】

1. 生活史　①大猿叶虫年生2~6代。北方年生2代,长江流域2~3代,广西5~6代。以成虫在枯叶、土隙、菜叶下越冬,翌年4~5月份和9~11月份是为害盛期。其间6~8月份潜入土中越夏。②小猿叶虫在南方与大猿叶虫混杂发生,在长江流域1年发生3代,在广东1年发生5代。无明显越冬现象,夏天高温时越夏。

2. 主要习性

(1)假死性　田间有轻微振动成虫和幼虫即装死落地。

(2)耐饥力强　成虫90多天不食可以继续存活。

(3)产卵习性　①大猿叶虫卵主要产于植物根际附近的土缝中、土块上或寄主的心叶上。卵呈块状,每块有卵20粒左右。②小猿叶虫成虫产卵都在菜帮和粗叶脉的背面上打洞产卵,卵散产于叶柄上。产前咬孔,1孔1卵,横置其中。

(4)幼虫取食习性　①大猿叶虫孵化出的幼虫昼夜可以取食。②小猿叶虫幼虫喜在作物心叶上取食,昼夜活动,以晚上为甚。

(5)越夏　①大猿叶虫6~8月份潜入土中越夏。②小猿叶虫春季发生的成虫,夏天潜入土中或草丛等阴凉处越夏,夏眠期达3个月左右,至8~9月份又陆续出土为害。

(6)寿命长　大猿叶虫成虫平均寿命3个月;小猿叶虫成虫寿命更长,平均2年。

【防治方法】

1. 农业防治　减少越冬、越夏虫口基数。①清洁田园。结合积肥,清除杂草、残株落叶,恶化成虫越冬条件。或在田间堆放菜叶、杂草进行诱杀。②秋季收获后,及时把杂草、落叶集中处理或沤制肥料,可起到破坏害虫蛰伏场所和减少害虫食料的作用。

2. 人工、物理防治　利用成、幼虫假死性,将盛有泥浆或药液的广口容器或盛水的容器(如水盆)等置于叶下,击落成、幼虫,集中杀死。清晨进行效果更好。

3. 药剂防治　在成、幼虫盛发期喷洒农药。常用药剂为:①40%毒死蜱乳油600~800倍液。②5%氟虫脲可分散液剂1000~1500倍液。③50%敌敌畏乳油或90%晶体敌百虫1000倍液。每虫期施药1~2次,交替施用效果更佳。

十一、黄曲条跳甲

油菜跳甲俗称蹦蹦虫、菜蚤、土跳蚤等。属于鞘翅目叶甲科。

为害油菜的跳甲种类主要有黄曲条跳甲、黄狭条跳甲、黄宽条跳甲、黄直条跳甲等。其中分布最广、为害最重的是黄曲条跳甲。该虫在国外分布于亚洲、欧洲、美洲。我国除新疆、西藏、青海外,其他各省、自治区、直辖市均有发生。

【为害症状】 成虫、幼虫均可为害,但以成虫为害为主。以苗期受害最为严重。成虫常群集咬食刚出土的幼苗,使嫩叶出现稠密小孔;或破坏幼苗的生长点,甚至把幼苗吃光,造成毁种。在留种地主要为害花蕾、嫩荚。幼虫在土内啃食作物根部表皮,将根皮蛀食成许多环状弯曲虫道,或咬断须根,使地上部分发黄、萎蔫死亡。另外,幼虫为害后还会诱发细菌性软腐病。

【识别特征】

1. 成虫 体长1.8~2.4毫米,黑色,有光泽。触角基部3节和足的胫节、跗节为黄褐色。雄虫触角第四、第五节特别粗大。鞘翅中央有1条黄色纵斑,其两端大而宽,中部狭而弯曲。各足胫节基部及跗节黄褐色,后足腿节膨大。

2. 卵 长0.3毫米左右。椭圆形,淡黄色,半透明。

3. 幼虫 体黄白色。老熟幼虫体长约4毫米,长圆筒形,尾端较瘦,各节上疏生有黑色短刚毛。

4. 蛹 长2毫米左右,椭圆形。淡黄白色,渐转为黄褐色。腹末有1对叉状突起,叉端褐色。

【发生规律】

1. 生活史 年生2~8代。佳木斯2代,黑龙江2~3代,山东、河北3~4代,北京、宁夏4~5代,武汉、上海、杭州4~6代,南昌5~7代,广州7~8代。以成虫在枯枝落叶、树皮缝、杂草和土缝中越冬。当翌春气温达10℃以上时开始取食为害。10~11月份成虫越冬。在广东、福建等地,无越冬现象,可终年繁殖。

2. 主要习性

(1)成虫善跳 成虫善于跳跃,遇惊后立即跳走。高温时还能飞翔,特别是以中午前后活动最盛。

(2)趋性　成虫有明显的趋黄色和趋嫩绿习性。有趋光性,对黑光灯特别敏感。

(3)寿命长　成虫寿命平均为50天,最多的可达1年之久。

(4)产卵习性　成虫卵散产于植株周围湿润的土隙中或细根上,也可在近土表处植株基部咬一小孔,将卵产于其中。

(5)喜潮湿　黄曲条跳甲喜欢栖息在湿润的环境中。雌成虫喜欢在潮湿的土壤中产卵。

3. 发生与环境的关系

(1)温度　成虫适宜温度为21℃～30℃。在此温度范围内,成虫活动、取食最盛,生存率也最高。气温低于21℃或高于30℃成虫很少活动。夏天气温高时,抑制其生存繁殖,因而为害减轻。

(2)湿度　直接影响成虫的产卵量和卵的孵化率。成虫不喜欢在含水量少的地方产卵,而且卵的孵化要求湿度也很高,若空气相对湿度达不到100%时,则许多卵都不能孵化。我国南方春季雨水多,有利于成虫产卵及卵的孵化,因而虫害重。而北方春季干旱,影响卵的孵化,虫害轻;但到了秋季雨水多、湿度大,故虫害重。另外,湿度高的田块受跳甲的为害重于湿度低的田块。

(3)栽培　由于黄曲条跳甲属于寡食性害虫,偏食油菜等十字花科植物,因此凡是油菜和十字花科作物连作的地区,有利于其发生为害;反之,则发生为害轻。另外,靠近山地杂草多的以及蔬菜地附近的油菜受害重。

【防治方法】

1. 农业防治

(1)轮作换茬　注意作物布局,避免与十字花科蔬菜连作。同时也不要在油菜埂上种十字花科蔬菜。

(2)翻耕晒田　油菜收获后清除残株落叶和杂草,立即翻耕晒田,待表土晒白后再播种,可消灭土壤中部分幼虫和蛹。

2. 生物防治 选用斯氏线虫(A24品系)和异小杆线虫(86H-1)2种线虫,按7×10^{10}条/公顷线虫的用量,可有效控制黄曲条跳甲的发生和为害。

3. 药剂防治

(1)处理土壤 在土壤翻耕前,撒施5%辛硫磷颗粒剂30~45千克/公顷,可消灭土壤中的幼虫和蛹。

(2)拌种 用40%甲基异柳磷乳油,药量为种子量的0.5%~0.8%,加水量为种子量的1/10。药、土、水三者混合后拌种并闷种24小时,然后再播种,防效可达96%以上。

(3)药剂浸根灭虫 移栽时若发现根部有幼虫,用80%~90%晶体敌百虫1000倍液浸根,可消灭根中幼虫。

(4)喷洒农药 常用喷雾药剂为:①90%晶体敌百虫750克或10%溴氰菊酯、2.5%溴氰菊酯乳油225~375毫升,对水750升。②40%速灭菊酯1500倍液。③2.5%杀虫双1000倍液。若防治土内幼虫,可用上述药剂灌根。

附:为害油菜的其他几种跳甲成虫的主要识别特征比较

几种跳甲成虫识别特征区别

虫体	黄狭条跳甲	黄宽条跳甲	黄直条跳甲	土库曼跳甲
触角	触角长达鞘翅肩部,第五节最长,其余各节几乎相等	触角长达鞘翅中部,末端数节棕黑色,第五节略长,其余各节几乎相等	触角长为体长的1/2,第五节较长	触角前半部浅棕色,后数节深棕色
头胸	头部及胸部背面具暗绿色金属光泽	头和胸部黑色、光亮,无绿色金属光泽	头和胸部黑色、光亮,无绿色金属光泽	头和胸部具绿色金属光泽
鞘翅	鞘翅上黄条较狭小,直形,中央宽度仅为翅的1/3	鞘翅上黄色条纹极宽大,中央宽度至少占鞘翅的1/2	鞘翅上黄色条纹直,颇狭窄,不及翅宽的1/3	鞘翅上黄色曲条较宽,浅弓形

十二、黄翅菜叶蜂

在我国为害油菜等十字花科蔬菜的菜叶蜂有5种:黄翅菜叶蜂、黑翅菜叶蜂、新疆菜叶蜂、黑斑菜叶蜂、日本菜叶蜂。它们均隶属膜翅目,叶蜂科。但以黄翅菜叶蜂分布最广。

【为害症状】 幼虫为害叶片成孔洞或缺刻,为害留种株花和嫩荚,少数咬食根部,虫口密度大时,仅几天即可造成严重损失。

【识别特征】

1. 成虫 体长6~8毫米,头黑色。中、后胸侧板为黑色。翅透明、淡黄色,基半部黄褐色,向外渐淡至翅尖,前缘有1条黑带与翅痣相连。3对足胫节端部及各跗节端部为黑色。腹部橙黄色。

2. 卵 近圆形,长约0.83毫米。卵壳光滑,初产时乳白色,后变淡黄色。

3. 幼虫 老熟幼虫体长约15毫米。头黑色。胸、腹部蓝黑色,各体节有许多皱纹及小突起。胸部较粗,腹部较细。具3对胸足和8对腹足。

4. 蛹 头黑色,初为黄白色,后渐转为橙色。

【发生规律】

1. 生活史 年生5代。以预蛹在土中结茧越冬。为害时间第一代在5月上旬至6月中旬,第二代在6月上旬至7月中旬,第三代在7月上旬至8月下旬,第四代在8月中旬至10月中旬。发生高峰期为每年春、秋两季,为害严重时间为8~9月份。

2. 生活习性

(1)成虫活动习性 成虫喜欢在晴朗高温的白天活动、交配和产卵。

(2)雌虫产卵习性 雌成虫将卵产入叶缘组织内,常在叶缘处产成一排,呈小突起状,每处1~4粒,每头雌虫一生可产卵40~

150粒。

(3)幼虫习性 幼虫有假死习性,喜欢早、晚活动取食。老熟幼虫入土筑土茧化蛹。

【防治方法】

1. 农业防治

(1)减少虫源 油菜等十字花科蔬菜收获后,及时翻耕,破坏虫茧或使虫茧暴露在外,减少虫源。

(2)适时播种 适当将易受害的油菜、白菜、萝卜等十字花科植物提前播种,尽量将作物易受害期与幼虫大发生期错开,可减轻黄翅菜叶蜂为害。

2. 人工、物理防治 在成虫发生期,每天在10~17时,用捕虫网在田间、地边杂草上网捕成虫,并集中处理。

3. 药剂防治

(1)喷粉 在露水未干前,喷撒2%巴丹粉剂,每667平方米2千克。

(2)喷雾 在幼虫发生期选喷以下化学农药。20%氰戊菊酯乳油、2.5%溴氰菊酯乳油、10%氯氰菊酯乳油、5.7%氟氯氰菊酯乳油3000~4000倍液。药效可维持20多天。

附:为害油菜的其他几种菜叶蜂成虫的主要识别特征比较

几种菜叶蜂成虫识别特征区别

黑翅菜叶蜂	新疆菜叶蜂	黑斑菜叶蜂	日本菜叶蜂
成虫体长 6.4 ~ 7.8 毫米，体黑色有光泽 翅烟黑色，前翅基部黑色 胸部除前胸背板中央有1个黑斑和中胸后背板、小盾片、后小盾片黑色外，其余均为橙黄色 3对足的腿节全为橙色 第一腹节背板橙黄色	成虫体长 6.5 ~ 9 毫米，体橙黄色有光泽 翅淡黄色，前翅基部黑色 胸部除中胸盾片和侧板、后胸黑色外，其余均为橙黄色 足橙黄色 腹部橙黄色	翅烟黑色，前翅基部微呈淡黄色 中胸侧面全为橙黄色 除第一腹节背板为黑色外，第二至第七腹节两侧各具1个黑斑	体长约7毫米 翅烟黑色，前基部黑色 中胸侧面全为橙黄色 3对足腿节稍带黑色 腹部除第一腹节背板黑色外，其余大部分腹节为橙黄色，两侧无黑斑

思考题

1. 为害油菜叶片的有哪些害虫？如何开展防治？

2. 潜叶为害的有哪些害虫？如何开展防治？

3. 甘蓝夜蛾的为害有什么特点？怎样利用其生活习性开展防治？

4. 大猿叶虫与小猿叶虫如何区分？怎样开展防治？

5. 油菜跳甲有哪几种？怎样开展防治？

第七章　常见油菜害虫天敌

一、瓢　虫

瓢虫属鞘翅目。是田间最常见、自然控制经济作物害虫效果最好的天敌种群之一。蚜虫、红蜘蛛、蓟马等害虫都不同程度地被瓢虫捕食。田间常见的瓢虫有七星瓢虫、龟纹瓢虫、异色瓢虫、多异瓢虫和黑背毛瓢虫等。

(一) 七星瓢虫

分布广泛。主要捕食各种蚜虫。该虫在 4 ~ 5 月份和 10 ~ 11 月份,对蚜虫控制作用强。成虫黄色或橙色,体长 6 ~ 7 毫米,体宽 4 ~ 6 毫米;头、足黑色;两个鞘翅上有 7 个黑色斑点是其主要识别特征。卵圆形,光滑,亮黄色,聚产。幼虫褐蓝色,有白色和红色斑纹。蛹黄色,长 5 ~ 6 毫米。七星瓢虫年生 3 ~ 5 代,有长距离迁飞习性。4 ~ 5 月份完成一代需 1 个月左右。22℃温度条件下饲养,全世代历期 25.5 天。成虫具有假死性和避光性,羽化后 2 ~ 7 天开始交配,交配后 2 ~ 5 天产卵。1 头雌虫一生平均产卵量 535 粒。以成虫在土块下、根茎间缝隙内、枯枝落叶间、树洞内、石块下、井房、棚屋内越冬。越冬代成虫于翌年 2 月中下旬开始活动,3 月中旬卵块大量出现,4 月中旬可见第一代成虫,5 月中下旬成虫大量出现,第一代若虫和成虫在早春作物(以小麦和油菜为主)上捕食蚜虫,小麦和油菜成熟后迁入棉田捕食蚜虫。5 月下旬至 6 月上旬是种群数量的高峰期,6 月中旬以后因气温升高,七星瓢虫的成虫逐渐迁出棉田越夏。9 月份气温下降,棉田七星瓢虫数量又逐渐增多,10 月份可在菜地大量聚集,11 月份进入越冬场所。成虫日食蚜量平均 105～150 头,1 头成虫一生能吃蚜虫4 800～6 600只。食料不足时,成、若虫对各虫态有自相残杀的习性。若田间瓢、蚜比在 1:200 以内,一般可不必专门施药治蚜,1 周左右蚜害即可自行控制。

(二) 龟纹瓢虫

成虫体长 3.8～4.7 毫米、体宽 2.9～3.2 毫米,长圆形略呈弧形拱起,表面光滑无毛,黄色至黄橙色。鞘翅上有龟纹状黑色斑纹,这是田间识别龟纹瓢虫的典型特征。鞘翅上的黑斑常有变异。此外还有二斑型、四斑型和隐四斑型等变异型。年生 7～8 代,以成虫在土缝中、石块缝穴内越冬,翌年 3 月份开始活动,凡是早春有蚜虫的地方就可能有龟纹瓢虫。繁殖 1 代后于 4 月下旬至 5 月上中旬迁入油菜田,10 月份以后又迁到油菜和蔬菜田,11 月下旬开始越冬。成、幼虫的日食蚜量分别在 60～100 头和 80～120 头。最大特点是耐高温,发生世代多,繁殖率高。食性不太专一。

(三) 异色瓢虫

成虫体长 5.4～8 毫米、体宽 3.8～5.1 毫米,卵圆形,呈半球形拱起,背面光滑无毛,在鞘翅近末端中央有一个明显隆起的横脊梁。色泽和斑纹变异很大,大致分为浅色型和深色型 2 类。浅色型:基色为橙黄色至橘红色,前胸背板具 2 对黑斑,1 对位于中线中央两侧,另 1 对位于中线与侧缘之间接近或达到后缘。有时除上述斑点外,在中线中央至基部处具 1 个长形黑斑,或各斑互相连接成"M"、"儿"、"八"等形状。属于这一类型的很多,主要有 4 种,即 19 斑型、14 斑型、无斑变型、暗黄变型。深色型:基色为黑色,前胸背板上"M"型斑的基部扩大,形成黑色近梯形的大斑,两肩角部分呈浅色大斑,小盾片黑色。黑色鞘翅上各有数目不等(6、4、2

或 1)和大小不一的斑点,斑点的颜色也不一样,有浅色、黄色、橙黄色或红色,甚至全为黑色。

老熟幼虫体长 10 毫米左右。蛹椭圆形,前钝后尖,橘黄色或棕红色。年生 6~7 代,最后一代成虫于 11 月中旬飞进岩洞、石缝内群集越冬,于翌年 3 月上旬至 4 月中旬陆续出洞飞离。越冬成虫出洞后,在有蚜虫的油菜和蚕豆等植物上活动,可见到第一代卵和幼虫。5 月上旬为第一代成虫羽化盛期。食料缺乏时,有自相残杀的习性。但也有一定的耐饥性,成虫耐饥的时间为 14 天,1~2 龄幼虫为 7 天。成虫羽化后,5 天左右开始交配,需交配多次才能提高孵化率。交配后,一般 5 天左右开始产卵,1 头雌虫一生产卵 10~20 块,合计 300~500 粒。

二、食蚜蝇

食蚜蝇是捕食蚜虫的寄生蝇。成虫不能捕食,早春多群集在花丛中取食花蜜,其幼虫(蛆)则以蚜虫为食。常见的食蚜蝇有黑带食蚜蝇和斜斑鼓额食蚜蝇。每年 4 月份食蚜蝇成虫进入油菜田,在有蚜虫的植株上产卵。在菜蚜大发生的年份,油菜田食蚜蝇很多,与蚜茧蜂、瓢虫等天敌一起控制着菜蚜的种群数量。

(一) 黑带食蚜蝇

各地区均有分布,是菜蚜的捕食性天敌。成虫体长 8~11 毫米。头部除单眼三角区棕褐色外,其余均为棕黄色。额毛黑色,颜毛黄色。雌成虫额正中有 1 条黑色纵带,纵带前粗后细。中胸背板灰绿色,有 4 条明亮的黑色纵带。内侧 1 对较狭,不达背板后缘;外侧 1 对宽,达背板后缘。小盾片黄色,周围边缘上的毛同色,背面的毛黑色。腹斑变异较大,基色棕黄。卵白色,长椭圆形,长 0.94 毫米、宽 0.37 毫米左右,表面具有 1 条密而短的白色纵纹,条纹显著隆起。幼虫孵化后 3 天,体淡黄绿色,具短突起。5 天以后,体淡黄白色,柔软,半透明,体内背中线处有 2 条较宽的白色纵带,腹的两侧具短刺突。蛹壳长 6.5 毫米,水瓢状,淡土黄色,背面条纹变化大。成虫 4 月中旬出现,4 月中下旬在有蚜虫的早春寄主如油菜植株上产卵繁殖。黑带食蚜蝇从卵到成虫历期 12 ~ 14 天。幼虫食量较大,平均 1 头幼虫每天可捕食蚜 120 头,一生可捕食蚜 1 400 头左右。

(二) 斜斑鼓额食蚜蝇

成虫体长 14 毫米左右。眼被密毛。雄额鼓出,棕黄色,毛黑而密。颜棕黄色,毛亦同色,雄的两侧沿眼缘处有明显的黑毛。小盾片黄棕色,大部被长而密的黑毛,前缘及侧缘混以少数黄毛。腹部第二、第三节背板上各有 1 对略倾斜的新月形黄斑,黄斑的内外前角不在同一水平面上,内前角离背板前缘近,而外缘角则较远。第四、第五背板后缘黄色。斜斑鼓额食蚜蝇早春在苕子田、蚕豆田和油菜田产卵繁殖,5 ~ 6 月份迁入棉田。

三、蜘　蛛

蜘蛛是经济作物害虫天敌中的一个庞大类群,种类多,数量大,捕食范围广,一般占天敌总数的 30% ~ 40%,占捕食性天敌的 50%。油菜田常见的蜘蛛有 20 余种,又以草间小黑蛛、三突花蟹蛛、T 纹狼蛛和茶色新圆蛛等最常见。蜘蛛的捕食对象有蚜虫、小菜蛾、菜青虫、甘蓝夜蛾等害虫的卵和初龄幼虫。

(一) 草间小黑蛛

雄蛛体长 2.5 ~ 3.3 毫米,雌蛛体长 2.8 ~ 3.9 毫米。雌蛛头胸部长卵圆形、扁平,黄褐色至赤褐色,有光泽。腹部长卵圆形,灰褐色至紫褐色，密被细毛。背部中央有浅色纵纹。初孵幼蛛灰白色，后变为暗绿色。卵囊扁圆形，外裹白丝，直径6~7毫米。以成、幼蛛在麦田、绿肥田、油菜田及田边土缝内越冬，翌年3月上中旬在早春作物上始见。草间小黑蛛全年有4个高峰期，分别在6月中下旬至7月中下旬、8月下旬、9月下旬和10月上中旬。9月下旬和10月上中旬在油菜田内较多。草间小黑蛛分布广泛，耐药性强，繁殖快，食性广，可取食小菜蛾、蚜虫、叶螨、蓟马、叶蝉及各种鳞翅目害虫卵和初孵幼虫，不受某一种寄主数量变动的影响。雌蛛平均每天捕食蚜虫28~80头。

(二) T纹狼蛛

雌蛛体长7~10毫米，雄蛛体长5~8毫米。背甲以中部的幅度较宽，在两侧黑褐色纵纹中间形成一条"T"字形黄纹，两纵纹的外方为黄褐色，边缘黑色。颈沟、放射沟和头部黑色。额宽约为前中眼径的2倍，其上着生数根刚毛。前列眼的宽度比第二列眼(后中眼)短，第二列眼比第三列眼大。胸板暗赤褐色，前半部中央有1条黄色纵纹。头部两侧倾斜。步足以第四对最长，各足黄褐色，具暗褐色环纹。第一步足胫节下面有6根长刺，成2—2—2形排列；第四步足胫节背面基部的刺与膝节末端前面的刺长度相等。腹部背面黑褐色，中央黄色，黄色部分具2列黑斑点，黑斑点上有1根黑毛。卵囊灰白色，圆形，略扁。T纹狼蛛年生3代，以成蛛和亚成蛛在田埂、路边土缝和洞穴中越冬，越冬期间身体颜色较深。此蛛为不结网的游猎性种类，抗寒力强，初春活动较早，4月间为第一代卵盛期。卵产在圆形略扁的丝囊内，卵囊附着于腹下纺丝突上带着走。5月上中旬为卵的孵化盛期，7月中下旬为第二代卵盛期，8月中下旬为第三代卵盛期。幼蛛从丝囊内孵化出来后，群集于雌蛛腹背，由雌蛛负养一段时间后，始分散觅食。成蛛多在地面游猎，幼蛛则多在棉株上活动捕食。此蛛体形较大，捕食力强，既捕食地面的害虫,也捕食植株上的害虫。有机质多、土壤疏松的田块有利于T纹狼蛛活动捕食和躲藏。

(三) 三突花蟹蛛

主要捕食甘蓝夜蛾、小菜蛾等鳞翅目害虫的幼虫和一些小型昆虫,是常见的游猎性蜘蛛。雄蛛体长3~5毫米,雌蛛体长4.5~6毫米。体宽扁,前2个步足很长,其体形和行动似螃蟹。体色有绿、白、黄等色。在作物卷叶内做丝质卵囊,每卵囊内有卵60~120粒。三突花蟹蛛的捕食量较大,5月下旬至6月上旬为第一代卵盛期,7月中下旬和9月上中旬分别为第二代、第三代卵盛期。三突花蟹蛛多在作物嫩头、蕾花上游猎,蛾、蝶、蝇类等都是其捕食对象。

四、草　蛉

由于草蛉的成虫和幼虫均能捕食蚜虫、小菜蛾、菜青虫等多种害虫的卵和初龄幼虫,而且种群数量大、历期长、控制害虫的作用显著。田间常见的草蛉有中华草蛉、大草蛉、丽草蛉、晋草蛉和叶色草蛉等。

(一) 中华草蛉

成虫体长9~10毫米,前翅长13~14毫米,体黄绿色。胸、腹的背面两侧淡绿色,中央有黄色纵带。触角比前翅短、灰黄色,基部2节与头同色。卵椭圆形,长0.9毫米。丝柄长3~4毫米,初产时绿色,近孵化时褐色,散产。三龄幼虫体长7~8.5毫米,宽2.5毫米。头部除倒“八”字斑外还有2对淡褐色斑纹。背中线两侧有波状紫褐色纵带,并杂以黄白色毛瘤。中华草蛉全年出现4个高峰,分别在7月上旬、7月下旬、8月中旬和9月上旬,在华北地区尤以8~9月的2个高峰为最大,是典型的耐高温、后发型种类。

(二) 大草蛉

成虫体长13~15毫米,前翅的前缘横脉全部为黑色。幼虫黑褐色,长8.9毫米,宽3.2毫米,头背面有3个呈“品”字形排列的大黑斑。大草蛉全年出现2次发生高峰,即7月上旬和7月下旬。食谱较宽,是多种蚜虫、鳞翅目害虫卵及幼虫的捕食性天敌。大草蛉成虫喜食蚜虫,一生平均捕食棉蚜2200头;幼虫既喜食蚜虫,也捕食菜青虫等多种鳞翅目昆虫的卵和初孵幼虫。

(三) 丽草蛉

成虫体长9~11毫米,体绿色。头部有黑斑9个,即触角间1个,头顶2个,触角窝前缘各1个(新月形),颊和唇基两侧各1个(长形)。下颚须和下唇须均为黑色。触角短于前翅,黄褐色。前胸背板长略大于宽,中部有1条横沟,横沟两侧前后各有1个褐斑,中胸和后胸背面也有褐斑,但不显著。足绿色,胫节及跗节黄褐色。腹部全为绿色,密生黄毛,腹端腹面则多黑色毛。翅透明,翅端较圆,翅痣黄绿色,前后翅的前缘横脉列的大多数均为黑色,但径横脉列仅上端一点为黑色,所有阶脉均为绿色,翅脉上有黑毛。卵单粒散产,也有2~3粒在一起的,翠绿色,丝柄椭圆形,肥而短,卵盖较明显。一龄幼虫头部有2对褐斑,前、中、后胸背板两侧各有1个黑斑。三龄幼虫头部具有3对黑褐色斑纹,背板上的侧斑非常明显。茧球形,白色。丽草蛉以茧越冬,发生期较中华草蛉和大草蛉晚。丽草蛉在南方数量极少,有时终年不见。成虫和幼虫均捕食蚜虫和鳞翅目的卵和低龄幼虫。

五、蝽

食虫蝽类寄主广泛,行动敏捷,以刺吸式口器将害虫刺吸致死。能捕食蚜虫、蓟马、红蜘蛛、叶蝉以及多种鳞翅目害虫的卵和幼虫。常见的有小花蝽、华姬猎蝽、大眼蝉长蝽和食蚜盲蝽等。

(一) 小 花 蝽

成虫体长 2~2.5 毫米,全身具微毛,背面布满小刻点,近黑褐色。年生 8~9 代。3~5 月间在油菜等早春作物上或杂草上活动,6 月上旬进入棉田。小花蝽若虫平均日取食量为:蚜虫 60 头,叶螨 50~70 头,棉铃虫卵 12~50 粒,棉铃虫 1 龄幼虫 15 头。小花蝽在棉田年发生量仅次于草间小黑蛛,是旱地作物害虫的重要天敌。

(二) 华姬猎蝽

成虫狭长,体长 8.7 毫米,腹宽 2.2 毫米。通体灰黄色而杂有黑褐色或黑色斑点。触角 4 节,第一节长于头宽。四龄若虫灰黄色,出现 1 对单眼,翅芽达第四腹节;五龄若虫体长 6~7 毫米,翅芽达第五腹节。年生 5 代,以成虫在苜蓿、杂草根际及枯枝烂叶下越冬。翌年 3 月份开始活动,6 月上旬以成虫迁入棉田。适宜温度为 24℃~26℃,空气相对湿度为 70%~80%。成虫平均每日取食量为:蚜虫 78 头,棉铃虫卵 34 粒,1 龄幼虫 30 头,2~3 龄幼虫 4 头。一至五龄若虫对蚜虫的日捕食量分别为:8 头、17 头、31 头、38 头和 50 头。

(三) 大眼蝉长蝽

成虫体长为 3~3.2 毫米,黑褐色。头比前胸背板前缘宽,前端呈三角形突出。复眼暗褐色,大而突出,稍倾斜向后方延伸。膜质革片后角膜片连接处各有1个深褐色近圆形斑纹。捕食范围与小花蝽相同。3~5月间在油菜田活动,6月上旬进入棉田等旱地作物田。

(四)食蚜盲蝽

属于半翅目盲蝽科。分布广泛。食性以捕食棉蚜、麦蚜、桃蚜等各种蚜虫为主。成虫体长3~4毫米。体浅红褐色,头、前胸、背板、后盾片上各有1对黑色斑纹,前翅前缘末有1个小黑斑,后缘末有1个钩形斑。

六、寄生菌

在自然条件下,通常可见到的或已被人工生产应用的寄生菌类有寄生蚜虫的蚜霉菌,寄生鳞翅目幼虫或其他幼虫的白僵菌、绿僵菌、苏云金杆菌和核多角体病毒等。

蚜霉菌不但能大量寄生于棉蚜,也能寄生于豆蚜、菜蚜、高粱蚜和桃蚜等多种蚜虫。有翅蚜被寄生后两翅平伸死亡,初为灰褐色,后为灰色。无翅蚜被感染后,初期腹部略膨大,以后由灰白色渐变为棕灰色。被蚜霉菌寄生的僵蚜体内充满菌丝,体表覆盖灰色霉状物,很快产生分生孢子,并强烈地弹射出去,继续感染其他蚜虫。

在高温潮湿的季节,常可见到鳞翅目害虫的幼虫被菌类寄生而自然死亡的现象,死亡率一般可达20%左右。白僵菌寄生幼虫后,病菌在虫体内扩展繁殖,幼虫感病后活动减慢,停止取食,慢慢死亡,到病菌占满虫体后,虫体干化变成僵体,体表也长满白色病菌,即白僵菌。而僵死的幼虫体表为浅绿色病菌所覆盖的则是由绿僵菌引起,它们都是真菌性病原物。细菌性病原物如苏云金杆菌寄生幼虫后，虫体变软，死亡并膨大，虫体表皮破裂后流出黄白色的体液。而核多角体病毒感染后，虫体倒挂死亡，表皮破裂后可流出乳白色或红褐色的昆虫体液。由于寄生菌类防治害虫效果好，在被寄生菌致死的虫体上还能产生大量的寄生菌，并传播扩散，再次感染其他害虫，因此有效期可维持很长时间。

思考题

1. 常见油菜害虫天敌有哪些种类？

2. 田间常见的瓢虫和草蛉有哪些种类？在田间的发生规律有何不同？

3. 如何识别和利用草间小黑蛛和小花蝽？

4. 怎样利用寄生菌控制油菜田害虫？

第八章 油菜田杂草及其防治

一、油菜田主要杂草种类

根据农田类型的不同,可将油菜田发生的主要杂草大致分为稻茬(前茬作物为水稻)油菜田杂草和旱茬(前茬作物为棉花、蔬菜、玉米、蚕豆等)油菜田杂草。在稻茬油菜田,发生的主要杂草有看麦娘、日本看麦娘、棒头草、牛繁缕、雀舌草、稻槎菜、碎米荠等杂草;在旱茬油菜田,发生的主要杂草有猪殃殃、大巢菜、波斯婆婆纳、粘毛卷耳和野燕麦等。以杂草发生的时间来界定,冬油菜田杂草属秋季发生型。油菜田的杂草发生高峰主要在冬前,一般在10~11月间。春季还有一个小的出草高峰。冬前草害对油菜生长和产量影响较大。春油菜田杂草属春、夏发生型。在青海、新疆等地,野燕麦是春油菜生产上的重要问题,其分布广,田间发生密度大,危害严重。

(一)看麦娘

看麦娘为越年生或1年生禾本科杂草。前期主要形态特征为:幼苗细弱。幼苗第一片真叶呈带状披针形,长1.5厘米,具直出平行脉3条,叶鞘也有3条脉,叶片及叶鞘光滑无毛,叶古膜质,2~3深裂,叶耳缺。中、后期主要形态特征为:茎秆多数丛生;穗圆锥形,花序呈细棒状(比日本看麦娘细小),小穗长2~3毫米(日本看麦娘小穗长5~6毫米);花药橙黄色(日本看麦娘为灰白色或淡黄色);从外稃中部以下伸出长2~3毫米的芒(日本看麦娘的芒较长,为8~12毫米);单穗结实可达100粒左右,种子渐次成熟落地。夏季休眠3～4个月后，在适温条件下萌发。分布几乎遍及全国。是叶蝉、红蜘蛛等害虫的越冬寄主。

（二）日本看麦娘

日本看麦娘为1年生禾本科杂草。形态特征与看麦娘相似。幼苗期，第一片真叶带状，长7～11厘米，宽1毫米，先端急尖，叶缘两侧有微细倒向刺状毛。3条直出平行叶脉。叶舌膜质三角形，顶端齿裂。成株期，花序较看麦娘粗大，小穗长5～6毫米，花药灰白色或淡黄色（看麦娘的花药为橙黄色），芒较长，从外稃中部以上伸出长8～12毫米的芒，中部稍膝曲。

种子萌发温度为5℃～23℃，最适温度为15℃～20℃；适宜土层深度为2厘米。一般10月中旬开始萌芽，萌发高峰期在11月中下旬，早春也可能有一个小的萌发高峰。种子有2～3个月的原生休眠期，在湿润环境中可存活2～3年，在干旱条件下寿命缩短至1年。分布于长江流域，在苏南里下河区、沿海地区及淮北局部地区危害严重。与看麦娘相比，日本看麦娘竞争力更强。

可在以下形态特征方面区分两者。

看麦娘：越年生或一年生草本，秆高15～40厘米，小穗长2～3毫米，芒长2～3毫米，花药橙黄色，花穗紧密瘦小。

日本看麦娘：一年生草本，秆高20～75厘米，小穗长5～6毫米，芒长8～12毫米，花药淡黄色或白色，花穗疏松粗大。

（三）棒头草

属禾本科。秆丛生，披散或基部膝曲上升，有时近直立，具4～5节。叶鞘光滑无毛，下部长于节间，中上部渐短于节间；叶舌膜质，常2裂或先端呈不整齐齿裂；叶片条形。花序圆锥状直立，分枝稠密或疏松；小穗含1朵花，长约2毫米，灰绿色或部分带紫色；两颖近等长，先端裂口处有1～3毫米长的直芒；外稃中脉延伸成约2毫米的细芒。颖果椭圆形。

(四)牛繁缕、繁缕

牛繁缕别名“鹅儿肠”。多年生阔叶杂草。株高50~80厘米，茎自基部分枝，下部伏地生根。叶对生，下部叶有叶柄，上部叶近无柄，叶片卵形或宽卵形，全缘。种子近圆形，略扁，深褐色，有散星状突起，平均单株结籽1 370粒左右。幼苗子叶椭圆形，初生叶2片，心形。以种了和匍匐茎繁殖。种子秋末或早春萌发，发芽温度为5℃~25℃，土层深度为3厘米以内，适宜土壤含水量为20%~30%，适生于湿润环境，浸入水中也能发芽。

长江中下游地区多在9~11月份出苗，少量在早春发生。10月份以前出苗的，当年深秋开花结实；10月份以后出苗的，翌年春季开花结实，5月份种子成熟落地或借外力传播扩散，经2~3个月休眠后萌发。

繁缕和牛繁缕形态相似，生态分布环境相同，名称相近似，人们常常将这两种植物混淆或者将它们视为同一种植物。繁缕别名“鹅肠草”。繁缕和牛繁缕主要区别为：繁缕茎侧有细毛1列，牛繁缕茎为紫色；繁缕花瓣比萼片短，牛繁缕花瓣远长于萼片；繁缕花柱数多为3枚，牛繁缕花柱数为5枚。

(五)雀舌草

石竹科繁缕属植物。1年生或2年生草本。全株无毛。茎丛生，多分枝。叶披针形，无柄，先端尖，全缘。聚伞花序顶生，少花，有时花单生叶腋。花梗细，基部有时具2个披针形苞片。萼片披针形，先端锐尖，花瓣白色。蒴果卵圆形。

(六)稻槎菜

稻槎菜为1年生或越年生菊科阔叶杂草。成株高10~30厘米。叶在根部丛生,有柄,羽状分裂。头状花序排成伞房状,花果期在4~5月份。多生于田野、荒地和沟边。

(七) 荠 菜

荠菜为1年生或越年生阔叶杂草。全株稍有分叉毛或单毛,茎直立,有分枝。基生叶丛生,叶片大头状分裂,裂片有齿,具长柄;茎生叶互生,叶片披针形,基部抱茎,叶缘有缺刻或锯齿。花序总状顶生或腋生,花瓣白色,4枚,"十"字排列。短角果倒三角形或倒心形,扁平,种子长椭圆形。通过种子繁殖,以幼苗或种子越冬。种子经短期休眠后萌发。

(八) 猪殃殃

别名拉拉藤、锯拉子草。猪殃殃为茜草科猪殃殃属一年生或越年生杂草。直根系。茎4棱,细长、蔓生或攀援。叶4~8片轮生,条状倒披针形,近无柄,先端有刺状突尖。聚伞花序顶生或腋生,花冠黄绿色,花小,有细梗。悬果密生钩状刺。在初生苗期,易将猪殃殃与牛繁缕混淆。二者的区别是:猪殃殃初生叶4~6片轮生,披针形;而牛繁缕幼苗子叶为椭圆形,初生叶2片,心形,叶对生。

种子在5℃~25℃温度下萌发,最适温度为11℃~20℃,出苗土层深为0~5厘米。湿润、温暖的秋季发芽最多,有少量在早春萌发。初生叶4~6片轮生,披针形,4~5月份开花,5~6月份为果熟期,种子休眠期数月。主要分布于黄河以南各地,在长江流域稻麦区危害严重。主要危害冬小麦、冬油菜等作物。

(九) 大巢菜、小巢菜

大巢菜又名救荒野豌豆。豆科,越年生或1年生蔓性阔叶杂草。茎长25~70厘米,具纵棱,自基部分枝。叶羽状,由4~8对小叶组成。花红色。荚果条形。以种子繁殖,秋、冬季和翌年春季萌发,幼苗子叶留土,耐寒性强,越冬后生长旺盛,5~6月份开花结果。

大巢菜与小巢菜的区别:大巢菜为羽状复叶,小叶4~8对,尖端凹,花淡紫红色,花1~2朵,腋生,荚果扁平,含种子10粒;小巢菜为羽状复叶,其小叶8~16枚,花白色或紫红色,有长柄,花2~5朵,荚果较短,含种子1~2粒。

(十) 波斯婆婆纳

阿拉伯婆婆纳(波斯婆婆纳),玄参科。1年生或2年生草本,有柔毛。茎自基部分枝,下部伏生地面,斜上。叶在茎基部对生,上部互生,卵圆形、卵状长圆形,边缘有钝锯齿。花单生于苞腋,苞片呈叶状,花冠淡蓝色,有放射状深蓝色条纹。蒴果2深裂,倒扁心形,宽大于长,有网纹,两裂片叉开90°以上,花期2~5月份。我国各地都有生长,南方更为普遍,生于田间、路旁,旱地油菜田发生多。也为常见入侵植物,原产西亚和欧洲。

(十一) 野燕麦

野燕麦是1年生或越年生禾本科杂草。茎直立,具2~4节。每株有分蘖15~25个,多的达64个。叶鞘松弛,叶舌透明膜质,叶片宽条形。花序圆锥状呈塔形,分枝轮生。小穗含2~3朵花、疏生,柄细长而弯曲下垂,穗长10~15厘米,小穗轴密生白硬毛。芒从外稃中部稍下处伸出,棕色,成熟时易脱落,芒长2~4厘米。每株结籽410~530粒,最多达2 600粒。幼苗叶片初出时呈筒状,展开后为宽条形,稍向后扭曲,两面疏生短柔毛,叶缘有倒生短毛。

种子有再休眠特性,一般第一年田间发芽率不超过50%,在以后3~4年陆续出土。种子发芽适温为15℃~20℃,低于10℃或高于25℃不利于萌发,气温达35℃时萌发率低,达40℃时基本不萌发。吸收水分达种子重量的70%才能发芽,土壤含水量在15%以下或50%以上不利于发芽。萌芽土层深度为1.5~12厘米,深度在20厘米以上土层中种子出苗少。野燕麦适应性强,在各种土壤条件下都能生长,旱地发生面积较大。

二、油菜田杂草化学防除技术

由于各地开展化学除草的时间和使用除草剂种类的不同,以及局部栽培制度及气候条件、土壤条件等因素的影响,油菜田杂草的优势种群也不尽相同。对油菜田杂草,应把握田间杂草种类,按照播栽前灭茬、播栽后封闭处理和苗后茎叶处理3个步骤防除。

(一)免耕及翻耕油菜田移栽前化除

油菜移栽前15~20天,对免耕及翻耕整田较早的田块,若杂草密度和草龄均较大,可每667平方米用88.8%飞达红100克或41%草甘膦150~200毫升对水45升喷雾;或在移栽前3~5天,选用20%克无踪(百草枯)水剂150~200毫升对水30~45升进行茎叶喷雾处理,可有效防除移栽前长出的所有禾本科杂草、阔叶杂草和再生稻苗。

在油菜移栽前1~3天或移栽返青后3~6天内,可选用90%禾耐斯乳油40~60毫升或50%乙草胺乳油40~70毫升对水30升喷雾,对开始萌动的看麦娘、早熟禾、野燕麦等禾本科杂草及繁缕等部分阔叶杂草防效较好。因乙草胺易导致低洼积水处的油菜出现药害症状,因此事先应将田间土层耕作平整。

(二)移栽油菜田化除

油菜移栽成活扎根返青(栽后15~20天)至开盘前,一般在油菜6~8叶期、禾本科杂草3~5叶期、阔叶杂草2~4叶期至单株有2~3个分枝时用药。一般在冬前气温较高时或冬后气温回升、油菜返青期施药。针对不同杂草种类，进行以下选择性化除。

一是以看麦娘、早熟禾、野燕麦等禾本科杂草为主的油菜田，任选一种配方对水30升进行茎叶喷雾：6.9%威霸浓乳剂40~50毫升，10.8%高效盖草能乳油20~30毫升，5%精禾草克乳油50~80毫升，10%禾草克乳油50~80毫升，10%精恶唑禾草灵乳油50~60毫升，4%喷特乳油60~80毫升。在干旱条件下，用精禾草克比禾草克防效稳定。

二是针对田间阔叶杂草种类不同以及杂草对药剂的敏感程度不同，可选取不同的用药方案。

方案Ⅰ：当甘蓝型油菜田间杂草以牛繁缕、繁缕、雀舌草、碎米荠占优势时，可选用50%高特克（草除灵）悬浮剂30毫升对水30升茎叶喷雾处理。

草除灵是一种选择性芽后茎叶处理剂，可防除一年生阔叶杂草如繁缕、牛繁缕、雀舌草、苋、猪殃殃等。防除猪殃殃等阔叶杂草，应适当提高用药剂量。在油菜抽薹后使用该除草剂，有时有不同程度的药害症状出现。目前登记用于油菜田的草除灵制剂很多，有高特克（50%草除灵悬浮剂）、好实多（30%草除灵悬浮剂）、好阔（15%草除灵乳油）等，以及草除灵与精喹禾灵等防除禾本科杂草的除草剂的复配剂，如17.5%草除·精喹禾灵乳油等。

方案Ⅱ：当甘蓝型油菜田间杂草以稻槎菜、猪殃殃、泥胡菜、大巢菜、泽漆占优势时，茎叶处理无好药，应适当提高草除灵用药剂量。也可选用苗前用药，如广灭灵加乙草胺（内草胺）等。

三是以禾本科杂草和阔叶杂草混合发生危害均重的甘蓝型油菜田，选用50%高特克悬浮剂25~30毫升加10.8%高效盖草能乳油20~25毫升对水30升茎叶喷雾处理。或选用草除灵加精喹禾灵成分药剂对水喷雾处理。

（三）直播油菜田化除

免耕和翻耕的直播油菜田播前化除，可参考油菜田移栽前化除方法进行；油菜出苗后至开盘期可参照移栽油菜田移栽后化除方法进行。

（四）注意事项

因化除不慎而造成油菜苗或后茬作物遭受药害的现象时有发生，在进行油菜田化除时应注意以下几点，以提高化除效果，确保当季作物和下茬作物安全。

1. 慎选药剂品种　除草剂品种选用不当极易造成药害。

（1）选用不当对当季作物产生药害　20世纪90年代初期，在江汉平原推广使用金星（为胺苯磺隆成分）除草剂防除油菜田杂草，导致部分油菜叶片发黄，心叶腐烂，甚至死亡。

（2）选用不当对下茬作物产生药害　由于大量使用除草剂，除草剂残留问题突出，残留在土壤中的除草剂对后茬作物影响很大。目前，部分地方水稻出现僵苗、移栽后返青慢、迟苗不发、秧苗枯黄、死苗现象时有发生，并造成后期穗数减少，千粒重下降。对后茬种植的玉米、棉花、花生、蔬菜等作物都有不同程度的伤害。农业部门对甲磺隆、氯磺隆实行禁用已久，但因其活性高、价格便宜，少数农户仍习惯用甲磺隆防除田埂杂草。由于雨水冲刷淋失，游离到田埂周边的残留物易对油菜产生药害，常出现油菜叶片发黄、植株矮小、开花迟缓等药害症状。

2. 选择用药适期

（1）抓住晴暖天气用药　为确保作物安全生长和除草剂药效的充分发挥，要避免在冷空气阶段用药。对除草剂而言，气温高作用快，气温低作用慢。施除草剂后即遇不良气候易造成药害。油菜移栽前后施乙草胺等除草剂后遇低温、多湿（3～4天内遇中等以上降雨)、田间长期积水或药量过多情况下易受药害。受害症状表现为不同程度的叶皱缩、不发根、根腐烂,气温升高后可逐渐恢复正常。在用药时要注意气温变化,要求在"寒尾暖头"时用药,不宜在"暖尾寒头"用药。

(2)*抓住适宜草龄用药* 冬前用药,应在禾本科杂草基本出齐(即2~3叶期)、阔叶杂草在二轮叶时(11月下旬至12月上旬)应用效果最佳。用药太迟,草龄偏大,气温逐渐下降,防除效果相对较差。不要在油菜抽薹后使用除草剂,以免发生除草剂药害。

3. 谨慎混用药剂 混配农药具有一药多治、减少用工的优点,在生产实际中应用很多。将有些药剂进行混合施用可起到事半功倍的效果,但有的药剂进行混合施用往往会带来药害。除草剂混配不当很容易造成药害。有的会因油菜苗对除草剂的抗性降低而出现药害。有的因产生拮抗作用,不但化除效果下降,而且遇寒流易发生药害。多效唑能使油菜苗生长受抑、生理代谢能力减弱,若与除草剂混用,也易发生轻微药害。现阶段,农户不知道哪些药剂可以混用,哪些药剂不能混用,没有一个标准。因此在使用除草剂时不要随意与杀虫剂、杀菌剂和生长调节剂等混合使用,以免造成药害。

4. 精准细致用药

(1)*严格用药剂量* 除草剂用量超标或配制浓度过高极易产生药害,一些除草剂使用过量还会对后茬作物造成药害。因此,药剂浓度应严格按照产品说明进行配制,切不可随意加大用量和提高浓度。配制药液时一定要采用二次稀释法,充分搅匀、不漏喷、不少喷、不重喷、不滴漏。

(2)*注意用药量受土壤有机质影响而产生的差异* 土壤有机质含量一般分为3%以下、3%~5%、5%~10%几个幅度,随着土壤有机质含量的增加,除草剂用量应相应增加。当土壤有机质含量在10%以上时,因用药量过大、除草效果不好,不宜施用。

(3)选择施药器械　选择合适药械,提高喷雾质量,减少药液飘移。

(4)仔细清洗药械　施药后用碱水反复清洗药械,以防下次使用时残留的药物伤害其他作物。

5. 实施轮作除草　除草剂应用具有一定的针对性与选择性,长期应用,会导致油菜田一些非主要类型杂草上升为优势杂草。如油菜田中的一些阔叶类杂草,采用化学药剂防除效果已不是很好。在生产实际中,可实行麦、油轮作和水、旱轮作,将稻—油耕作模式改变为稻—麦耕作模式,或实行水旱轮作,以减轻恶性杂草的发生,提高化学除草剂的针对性。

6. 用好补救措施　农作物一旦遭受除草剂药害,应及早喷施奈安、解害灵、生物蛋白素、氨基酸营养液等,待苗情好转后,再酌情追施少量氮肥,以促进受害作物恢复生长,减少损失。

思考题

1. 油菜田发生的杂草可分为哪几种类型？各有什么特点？
2. 免耕及翻耕油菜田在移栽前如何开展化学除草？
3. 移栽油菜田如何开展化学除草？
4. 油菜田化学除草需要注意哪些事项？

第九章　油菜病虫害的田间调查和综合防治

一、田间调查的目的

通过采用规范的田间调查方法，及时准确掌握出间作物生长状况、病虫害发生情况和环境质量，进行科学分析，对作物病虫害发生趋势做出判断，为制定科学的防治对策提供依据。

二、田间调查的方法

(一) 病虫害的空间分布

不同种类的病虫害在田间的空间分布与其种群生物学特性、种群密度、寄主植物和环境因素等相关。按生物种群内个体间的聚集程度和方式，病虫害的空间分布有以下几种。

1. 均匀分布　由于生物个体间的排斥造成种群内的个体在田间呈均匀分布。

2. 随机分布　由于生物个体彼此独立形成各个体在空间上各点出现的机会相同。

3. 核心分布　种群在田间的分布由若干核心组成，个体逐渐向四周扩散。

4. 嵌纹分布　个体在田间疏密相间，有明显聚集，分布不均匀。

(二) 病虫害的抽样调查方法

采用随机抽样法，根据病虫害的田间分布类型，采用相对应的取样方法。

1. 对角线取样法 适宜于密集的或成行的植物和随机分布的病虫害。有单对角线和双对角线2种。

2. 棋盘式和五点式取样法 适宜于密集的或成行的植物和随机分布的病虫害。

3. 分行取样和平行线式取样 适宜于成行的植物和核心分布的病虫害。

4."Z"字形取样法 适宜于嵌纹分布的病虫害。

(三)调查的类别

1. 一般调查 主要了解病虫害的分布和发生程度。一般调查面要广,调查的病虫害种类要多。调查的次数可以少一些,主要在发生的关键时期进行调查。

2. 重点调查 经过一般调查发现的重要病虫害作为重点调查的对象,可进行深入调查。如分布、发生量、损失、环境条件、防治情况等。

3. 调查研究 针对病虫害的某一关键环节和问题,开展深入细致的调查,并注重有关背景和相关信息的收集。

(四)表示方法

1. 田间病害的表示方法 一般用发病率、严重度和病情指数进行表示。其计算公式如下:

发病率=[病叶(秆)数/调查总病叶(秆)数]×100%

严重度=[叶(秆)孢子堆面积/调查叶(秆)总面积]×100%

病情指数=∑(病级株数×代表数值)/株数总和×发病最重级的代表数值×100%

2. 田间虫情的表示方法

(1)以虫口表示 单位面积、单位时间、单位容器或一定寄主单位上出现的数量。

①地上害虫：用单位面积、单位植株或单位器官上害虫的卵(或卵块)数或虫(幼虫、若虫或成虫)数表示。如每平方米的幼虫数、百株蚜量等。

②地下害虫：用筛土或淘土的方法统计单位面积一定深度内害虫的数目，必要时进行分层调查。

③飞翔的昆虫或行动迅速不易在植株上计数的昆虫：用黑光灯、糖蜜诱杀器或黄皿诱集器诱集数表示。网捕的标准捕虫网柄长 1 米，网口直径 0.33 米，扫动 180°为 1 复次，可用 1 复次或 10 复次的虫数表示。

(2)以作物受害情况表示　田间虫情也可以用作物的被害情况，即被害率、被害指数、损失率和损失系数来表示。其计算公式如下：

被害率＝被害株(秆、叶、花、果)数/调查总数株(秆、叶、花、果)数×100%

被害指数＝∑[各级值×相应级的株(秆、叶、花、果)数]/[调查总株(秆、叶、花、果)数]×最高级值×100%

损失系数＝(健株单株产量－被害株单株产量)/健株单株产量×100%

三、病虫害预测技术

(一)预测的内容

病虫害预测主要是预测其发生期、发生流行程度和导致的作物损失。

1. 发生期预测　估计病虫害可能发生的时期。害虫通常指特定的虫态、虫龄出现的日期；病害则主要指侵染临界期。

2. 发生或流行程度预测 预测病虫害发生的量或流行的程度。用发病率、严重度、病情指数等做定量表达,也可用发生级别做定性表达。

3. 损失预测 推断灾害程度的轻重或所造成损失的大小;损失预测结果用来确定病虫危害是否达到经济阈值,用于指导防治。

(二)预测时限与预测类型

按照预测的时限可分为超长期预测、长期预测、中期预测和短期预测。

1. 超长期预测 运用病虫害流行资料、气象、生产活动等进行综合分析,预测下年或未来几年的病虫害发生趋势。

2. 长期预测 利用病虫害越冬数据、气象资料、作物布局等资料,在年初做出当年1个生产季节以上的病虫害发生趋势。

3. 中期预测 预测时限为1个月至1个季度。多根据病虫害发生数据、作物生育期、气象条件等因素做出病虫害发生趋势。

4. 短期预测 预测时限在20天以内。根据病虫害发生数据、气象条件等来做出病虫害发生趋势。

(三)病害预测的依据和方法

病害的流行必须具备3方面的因素。①有大量的感病寄主。如感病寄主的品种单一,栽培面积广。原来大面积栽培的抗病品种丧失了抗性等。②有大量致病力强的病原物。如油菜菌核病,翌年是否流行,其在土中越冬的菌核数量的多少是其流行条件之一,在土中越冬菌核数量越多,翌年流行的可能性就越大。③外界环境条件适宜病害发生。环境条件包括气象、土壤和栽培条件。气象条件中包括湿度和温度,尤其是湿度对病害影响很大。土壤条件包括酸碱度、土壤含水量以及土壤结构等。栽培条件涉及轮作、水肥管理等。这些条件都会影响病害的流行。

1. 预测的依据　病害流行与寄主、病原菌和环境因素关系密切。病害预测的依据主要包括菌量、气候条件、栽培条件和寄主植物生育情况。

2. 预测的方法

(1)综合分析预测法　是一种经验推理方法,多用于中、长期预测。根据调查和收集的有关品种、菌量、气象因素和栽培管理诸方面的资料,与历史资料进行比较,经过全面权衡和综合分析后,依据主要预测因子的状态和变化趋势估计病害发生期和流行程度。

(2)数理统计预测　是运用统计学方法,利用多年来历史资料,建立数学模型预测病害的方法。当前主要用回归分析、判别分析以及其他多变量统计方法选取预测因子,建立预测式。此外,一些简易概率统计方法,如多因子综合相关法等,也被用于加工分析历史资料、观测数据和预测。

(四) 害虫预测方法

1. 发生期预测

(1)发育进度预测法　根据害虫田间发育进度的检查结果,参考当时气温预报,加上相应的虫态历期,推算以后虫态的发生时间。此法用于短期预测,方法简单,准确性较高。具体分为历期法、分龄分级法和期距法 3 种。

①历期法:对前一虫态(或虫期)的田间发育进度(如化蛹率、羽化率等)进行系统调查,当调查到其百分率达到始盛期和高峰期时,分别加上当时气温下各虫期的历期,就能推导后面某一虫期的发生时期。

②分龄分级法:选择害虫幼虫期和蛹期做 1～2 次发育进度调查,记录幼虫各龄的数量,分别计算百分率。如果查到的是蛹,则根据蛹的眼点等特征,进行分级处理,并计算出各级蛹在样本中

的百分率。然后根据各龄期到成虫所需的发育天数,预测成虫的始期、盛期和末期。此法简便实用,在水稻螟虫预测上经常采用。在园艺害虫发生期预测上,只要有害虫各龄历期和蛹分级标准的资料,使用此法就十分方便可靠。

③期距法:根据期距进行预测的一种方法。期距通常是指各虫期在田间出现的始盛、高峰和盛末期间隔的时间距离。虫期的间隔可以是同代内的,也可以是上下代之间的。期距与历期并没有本质区别。历期一般是在控制温度下观察昆虫发育进度而得到的平均值。期距是从多年调查的虫情资料中得出的经验值或历史平均值,代表田间害虫种群的平均发育进度,更符合实际情况,但在应用上有局限性。因为各地气象条件不同,不能将甲地的某种害虫的期距资料拿到乙地去用。有了某种害虫的各种期距,只要查准该害虫现在的发育进度,加上相应的期距,便能准确地预测下一虫态或虫期的发生时间。

(2)物候法　物候是指自然界各种生物活动随季节变化而出现的现象。像燕子北飞、桃花盛开、柑橘发春梢、青蛙首次鸣叫都表示气候进入了一定的节令,具备了一定的温、湿度条件。每年大地回春有早有晚,特定物候现象的出现在年度间是有差别的,但各种物候现象出现的先后次序是不变的。害虫的复苏、生长发育同样受自然气候的影响,某一特定虫期的出现总是伴随一定时令的。通过长期观察各种动植物物候上的相互联系,找出标志某种害虫即将出现的物候征兆,就能预测害虫发生期。

物候法就是利用其他生物与害虫活动的相关性,借助其他生物的活动规律,预知害虫出现时期。害虫与周围生物的物候关系有直接和间接两种。直接关系是害虫的发生期与其他生物的物候期有同步关系,根据生物同步出现的物候来预测害虫指导防治,时间上显得仓促。间接关系是把观察重点放在害虫发生之前的物候上,找出某种物候现象与目标害虫出现的时间间隔,可以有计划地安排好各项防虫准备工作。物候法的优点是一旦找到了规律，人人都会用。但物候预测仅适用于某个地区，没有验证前，不可盲目地搬用外地资料，而且并非所有害虫的发生期都能用此法来预测。

(3)有效积温法　害虫在适宜温度范围内，生长发育速率与温度几乎呈直线关系，只要已知一种害虫全世代或某虫态的有效积温常数和发育起点温度，便可根据田间害虫的发育状态和近期内的气温预报，预测害虫未来时间的发育进度。

2. 发生量预测　由于影响害虫发生量的因素较多，作用过程比较复杂，所以发生量的预测要比发生期预测困难得多。未来害虫种群数量，一方面取决于现在的种群基数、种群内禀增长率，另外还与气象、天敌、食物因子对昆虫种群死亡率的综合作用有关。只有在深入了解该害虫发生规律的基础上，才能采取一定的方法预测害虫发生量。预测方法很多，有的比较简单，适合于基层使用，但预测精度低一些；有的比较复杂，需要专业人员用电脑经过大量计算给出发生量预测值，准确性相对高一些。

(1)有效虫口基数预测法　通过对上一代害虫有效基数的调查，结合该虫的平均存活率，可预测下一代的发生量。常用下式计算繁殖数量：

$$P = P_0[e \cdot f/(m+f)] \times [(1-d)]$$

式中：P 为下一代数量；P_0 为上一代虫口基数；e 为每雌平均产卵数；f 为雌虫数；m 为雄虫数；d 为各虫期累计死亡率。

对于世代分离明显的害虫，若能准确了解虫口基数和存活率及平均繁殖力，则可采用此法预测。它的前提是害虫没有迁入或迁出，上下两代发生在同一生态环境中。

(2)生物气候图法　对以气象因素为数量变动主要影响因素的害虫，靠绘制生物气候图找出各年季节性气候变动对其发生量的影响，从而进行发生量预测。

绘制气候图是以月(旬)总降水量或空气相对湿度为横坐标，

月(旬)平均温度为纵坐标,将害虫发生期的各月(旬)的温、湿度值组合在图上标点,并将各点用实线连起来,形成多边的封闭曲线图,根据不同年度的气候图与害虫发生量的相关性,找出典型的大发生或轻发生的模式气候图。再根据当年气象预报或实际气象资料绘制成的气候图,与历史上各种模式图比较,推测当年害虫发生趋势。

(3)经验指数预测　用经验指数估计害虫未来的数量变化趋势。经验指数是在确定了影响害虫数量变动主导因素的基础上,根据对多年虫情资料与环境因素资料的统计分析得到的。包括温、湿度系数和天敌指数等。

(4)数理统计方法　数理统计预报法包括聚类分析、判别分析、相关回归分析等。主要对虫情历史资料和气象历史资料用多元统计分析方法进行综合,建立判别或回归预测方程。用历史资料检验预测式的预测准确率,若能达到80%,就能用于害虫发生量预测。此法成败的关键是虫情资料的可靠性。虫情资料越多,系统性好,预测误差就小。建立预测式的详细方法可参考数理预报的专著。

(5)种群系统模型　在20世纪80年代初,国外对柑橘和苹果的主要害虫进行了种群系统模型预测,我国对水稻、棉花上的重要害虫也建立了一系列种群系统预测模型。主要根据多年生命表资料,结合实验生态方法,研究不同温度和湿度、食料及天敌条件对害虫种群参数(如发育速率、出生率、死亡率)的影响,从而组建害虫种群数量预测模型。只要输入种群起始数量及有关生态因素的值,就可在微机上运行该预测模型,给出未来时间害虫种群密度的预测值。通过田间实验能不断校正预测结果,这对害虫的综合治理决策十分重要,但要建立这样的预测模型需要坚实的基础研究。

四、油菜常见病虫害的调查方法

(一) 油菜菌核病

1. 调查方法与内容

(1)春季大田子囊盘发生数量调查 在油菜初花期(5%~10%植株开花)时,选择上年旱地油菜收获地、十字花科蔬菜留种地和种过油菜的田埂、侧边、河边等处,按各种不同类型地的比例,取样调查。共取50个样点,每个样点调查1平方米,调查点内子囊盘数,结果记入表内。表样如下:

油菜菌源量普查表

调查日期(月/日)	调查地点	田块类型	调查面积(米^2)	子囊盘数(个/米^2)	平均子囊盘数(个/米^2)	备 注

(2)子囊盘消长调查 选择排水良好、土壤疏松的旱地油菜田,将当年采集的菌核100粒,于油菜播种或移栽时,播入表土下3厘米左右深处,每粒菌核相距3厘米,做好标记。当春季气温回升到5℃以上后开始调查,到子囊盘消失为止。每隔5天调查1次,记载菌核萌发期和子囊盘数,查后摘除已计数的子囊盘。或选择旱作连茬长势较好的油菜田,当气温回升到5℃以上后,分5个点取样,每点固定50平方厘米,每5天调查1次,记载子囊盘初见期和数量,查后将子囊盘摘除。

(3)系统调查 选择当地主栽油菜品种,根据长势和茬口,选择3~5块主栽油菜品种类型田。每块田分5个点取样,每点选择沟边第二行连续调查10株,计50株,每5天调查1次。叶发病调查从2月20日开始,至油菜成熟收割前3~5天结束,记载叶发病株,计算叶病株率。茎发病调查从茎秆见病后至收割前,调查各级发病株数,计算茎病株率、病情指数。

(4)普查　初花、盛花、终花、收获前分品种、分茬口、分长势各查3~5块田。每块田分5个点取样,每点查10株,计查50株。茎病同时调查严重度。计算病害发生普遍率和病情指数。

2. 预测预报方法

(1)子囊盘萌发盛期的确定　累计100粒菌核或旱作连茬系统调查田查得的子囊盘数量占全季节子囊盘总数的20%和80%出现的日期,分别为子囊盘萌发的始盛和盛末期,两者之间即为子囊盘萌发盛期。

(2)发生流行程度划分标准　以两个调查日之间的日均茎病株率和病情指数增加值为病害流行速率,而最终发生程度则主要以最后一次调查的茎病株率和病情指数为划分标准。

(3)发生程度与发生期预测

①中、长期预测:茎病株率与上年12月份的降水量及当年2月份的日均温呈正相关,最终病情指数也与上年12月份降水量呈正相关关系。各地结合本地实测资料进行回归分析,做出中、长期预报。

②短期预报:油菜菌核病发生流行程度主要受花荚期雨日、雨量影响最大。若油菜花荚期雨日多、雨量大,且时段分布均匀,则当年病害大流行;反之则轻发。各地可依据当地气象预报,对当年的病害流行程度做出短期预报。

3. 油菜菌核病严重度分级标准

1级　1/3以下分枝数发病或主茎病斑不超过3厘米。

2级　1/3~2/3分枝数发病或发病分枝数在1/3以下及主茎病斑超过3厘米。

3级　2/3以上分枝数发病或发病分枝数在2/3以下及主茎中、下部病斑在3厘米以上。

4. 防治指标及防治适期

(1)防治指标　花期病株率达10%时。

(2)防治适期　油菜盛花期(主茎开花株率达95%以上时)开始第一次用药防治。

(二) 油菜蚜虫与病毒病

1. 调查方法与内容

(1)蚜虫虫口基数调查　选择当地主要十字花科蔬菜地3块。从油菜播种时(9月中下旬)开始,每10天调查1次,共查3~4次。每块田分5个点取样,每点5株,共查25株。记载有蚜株数,计算有蚜株率。其中每点查1株,记载有翅、无翅蚜虫数,推算百株蚜量。结果记入表内。表样如下:

蚜虫虫口基数调查表

调查日期(月/日)	调查株数(株)	有蚜株数(株)	有蚜株率(%)	蚜量		
				有翅蚜(头)	无翅蚜(头)	平均百株蚜量(头)

(2)系统调查

①调查时间:油菜苗期至抽薹现蕾期虫情消长调查,从10月份至翌年3月中旬。

②调查方法:固定有代表性的3块田,每5天调查1次。每块田固定5个点,每点10株,共50株。记载有蚜株数,计算有蚜株率。每个点中固定2株,共10株,分别记载有翅蚜和无翅蚜数量,推算百株蚜量,结果记入表内。表样同蚜虫虫口基数调查表。

(3)花期至角果发育期虫情消长调查

①调查时间:3月中旬至5月中旬。

②调查方法:从始花期至成熟前7天。在原3块田内已固定

的10株上,每5天检查1次,检查油菜主轴及第一次分枝上蚜虫发生情况,记载有蚜枝数及每枝蚜虫发生的严重度,计算有蚜枝率和蚜情指数。结果记入表内。表样如下:

油菜蚜虫消长调查表

调查日期(月/日)	调查株数(株)	有虫枝数(枝)	有蚜株率(%)	严重程度				百株蚜量(头)	蚜情指数
				1级	2级	3级	4级		

注:蚜虫严重度分级标准以油菜分枝上部15厘米范围内蚜虫密集程度分4级

1级:蚜虫零星可见

2级:蚜虫密集的长度占1/3以下

3级:蚜虫密集的长度占1/3~2/3

4级:蚜虫密集的长度占2/3以上

蚜情指数=∑(各级枝数×该级级数)/(调查总枝数×4)

(4)普　查

①普查时间:蚜虫在油菜苗期、抽薹现蕾期、开花结荚期开展3次普查。当系统调查田蚜量迅速上升时,开始进行普查。选有代表性田块10块,调查方法同系统调查。数据记入表内。病毒病分2次进行普查:一次在苗期(冬油菜区一般在12月上中旬,春油菜区在现蕾抽薹前),一次在油菜结角期。

②普查方法:根据当地的油菜品种、播期,选择有代表性的油菜田20块以上,每块田调查100株,记载发病株数并进行分级,计算发病株率和病情指数。结果分别记入以下两个表样内。

油菜蚜虫大田普查表

调查日期(月/日)	油菜类型	调查株数(株)	有蚜株数(株)	有蚜株率(%)	百株蚜量(头)	备　注

油菜病毒病发病情况记载表

调查日期(月/日)	油菜类型	品种	播种期(月/日)	油菜生育期	调查株数(株)	各病级株数(株)			病株合计	发病株率(%)	病情指数	备注
						1	2	3				

2. 预测预报方法

(1)*蚜虫发生期和发生程度预测*　根据系统调查结果，当油菜苗期平均百株蚜量达到 500 头、抽薹现蕾期百株蚜量达到 1 000 头，即预示为害始盛期来临。当油菜出苗到 5 叶期有蚜株率达到 30%、5 叶期到抽薹阶段有蚜株率达到 60%、开花结荚期有蚜枝率达到 10%时，如日均气温在 14℃以上，7 天内无中等以上降雨，预示蚜量将迅速上升。

(2)*病毒病的流行程度预测*　根据当年气候条件，蚜虫发生量及油菜播期早迟对发生程度进行预测。一般蚜量大、毒源植物发病率高、种植面积大的年份，其发病程度较重；反之较轻。油菜苗期气温在 15℃～25℃，降水量明显少于常年，其发病程度重于常年；反之则较轻。一般认为油菜播种早发病重，播种迟发病轻；直播田比移栽田播种期迟，发病较轻。

3. 油菜蚜虫发生程度划分标准　见表9-1。

表 9-1　油菜蚜虫发生程度划分标准

发生级别	1	2	3	4	5
苗期蚜虫高峰期平均百株蚜量(头)	<500	500～1500	1501～2500	2501～3500	>3500
抽薹现蕾期蚜虫高峰期平均百株蚜量(头)	<1000	1001～3000	3001～5000	5001～7000	>7000
开花结荚期蚜虫高峰期有蚜枝率(%)	<15	16～30	31～45	46～60	>60

4. 油菜病毒病分级标准

(1)*苗期油菜病毒病分级标准*

0 级：无症状。

1 级：全株 1/3 以下叶片数出现症状(明脉、花叶或枯斑)，无皱缩，幼苗长势基本正常。

2级：全株1/3～2/3叶片有症状，部分叶片皱缩，幼苗轻度矮缩。

3级：全株显症，叶片2/3以上皱缩，生长停滞，幼苗明显矮小（不及健株一半），接近死亡或死亡。

（2）结荚期油菜病毒病分级标准

0级：无症状。

1级：植株高度基本正常，叶片轻度显症，茎秆有或无病斑，1/3以下角果畸形。

2级：植株轻度矮化，叶片显症较多，茎秆有明显病斑，1/2以下角果数畸形。

3级：植株严重矮化，1/2以上角果畸形或不结实，植株接近死亡或死亡。

五、综合防治的主要措施

油菜受多种病虫害危害，且以病害重于虫害。要根据主要病虫害的发生规律，在防治策略上，应重点控制主要病害流行，以农业防治为基础，合理轮作，深耕灭茬，选留抗病良种，结合农事操作等，减少病虫害来源；加强栽培管理，提高油菜抗病虫害能力，减轻病虫害发生，结合病虫害测报，合理施用农药，有效控制油菜病虫害，以获得较好的经济效益、生态效益和社会效益。

（一）农业防治

1. 播种前期

（1）合理轮作，进行深耕　油菜收获后，遗留在土壤、茎秆和种子中的病菌是造成翌年油菜菌核病、霜霉病和白锈病等的主要病菌来源。因此，在播种前应选好茬口，与非寄主作物进行轮作。菌核多在土中，如果菌核长期浸在水中会很快腐烂，所以实行油菜与水稻轮作能显著减轻菌核病。

(2)选用抗病高产良种　甘蓝型油菜一般对菌核病抗性较强，应尽量因地制宜推广抗病品种。如选用蜀杂7号、蜀杂6号、蓉油4号等高产抗病良种。

(3)种子处理　播种前用盐水或硫酸铵水选种,除去菌核和瘪粒。

(4)深沟高厢　如油菜田排水不良,特别是开花结果期渍水，常造成菌核病严重发生。所以,在整地时一定要挖深沟、理高厢，做到既能排明水,又能排暗水。

(5)适期播种　在不影响产量的前提下,适当晚播晚栽,能减轻菌核病和蚜虫的危害程度。

2. 秧苗期　主要是加强管理,培育壮秧。

(1)合理施肥　施足基肥,勤施苗肥,特别是在秧苗3叶期要及时追肥,以保证油菜苗壮,提高抗病力。

(2)勤灌水排渍　苗期雨水多少与病虫害发生状况关系甚密。天气和土壤干旱时要及时灌水,可以显著减轻蚜虫为害。如遇雨水过多,要及时排水,防止受渍而加重菌核病的发生。

(3)及时间苗、定苗　齐苗后立即进行间苗、定苗,去瘦留壮，除去病虫苗并及时带出田外作饲料或沤肥。

(4)清洁菜田　清除秧田四周杂草,以减少蚜虫虫源。

3. 大田期

(1)稳施薹肥　对基肥足、腊肥重的田块要稳施速效薹肥,做到氮、磷、钾肥配合施用,使植株春发稳长,提高抗病虫害能力。

(2)及时清沟理厢,中耕培土　做到沟沟相通,及时排除田间积水,降低田间湿度,促进油菜根系发达,生长健壮,减少菌核病产生子囊盘的机会。

(3)摘除老、黄叶,拔除病株　菌核病和蚜虫危害一般从下部老、黄叶开始,及时摘除老、黄叶不仅能直接减轻病虫危害,还有利于植株下部通风透光,减少荫蔽,降低田间湿度,减少病虫侵害机会。摘除的病、老、黄叶和病株应及时带出田间沤肥。

(4)选留健种　处理残秆,选留健种,可以减少翌年病源,是提纯复壮的一项重要措施。

(二)化学防治

盛花期应注意施药防治菌核病。油菜开花如遇月降水量大于常年,对长势中等以上的田块应狠治1次菌核病。若是菌核病重病田应在初花期和盛花期各施1次药防治,轻病田则在初花期防治1次即可。开花结荚期蚜虫为害严重而天敌数量不足以控制蚜害时,可用药剂防治1次蚜虫。

思 考 题

1.农作物病虫害的空间分布有哪些类型?可采取哪些相对应的取样方法?

2.病虫害预测的内容和预测类型有哪些?预测的依据和方法有哪些?

3.油菜菌核病如何开展田间调查?

4.油菜病虫综合防治的主要措施有哪些?

金盾版图书，科学实用，通俗易懂，物美价廉，欢迎选购

技术　7.00元
棚室番茄高效栽培教材　4.00元
引进国外番茄新品种及栽培技术　7.00元
保护地番茄种植难题破解100法　7.50元
保护地菜豆豇豆荷兰豆种植难题破解　11.00元
辣椒茄子病虫害防治新技术　3.00元
怎样提高辣椒种植效益　6.00元
新编辣椒病虫害防治（修订版）　9.00元
辣椒高产栽培(第二次修订版)　3.50元
辣椒保护地栽培　4.50元
辣椒无公害高效栽培　7.50元
彩色辣椒优质高产栽培技术　4.50元
棚室辣椒高效栽培教材　5.00元
引进国外辣椒新品种及栽培技术　6.50元
天鹰椒高效生产技术问答　4.50元
线辣椒优质高产栽培　4.00元
辣椒病虫害及防治原色图册　13.00元
辣椒间作套种栽培　6.00元
图说温室辣椒高效栽培关键技术　10.00元
葱蒜类蔬菜周年生产技术　15.00元
葱姜蒜出口标准与生产技术　9.50元
葱蒜类蔬菜病虫害诊断与防治原色图谱　14.00元
葱蒜类蔬菜良种引种指导　9.00元
茄果类蔬菜病虫害诊断与防治原色图谱　34.00元
茄果类蔬菜周年生产技术　10.00元
南方茄果类蔬菜反季节栽培　9.00元
葱蒜茄果类蔬菜施肥技术　3.50元
茄果类蔬菜嫁接技术　3.50元
茄果类蔬菜制种技术　8.00元
根菜类蔬菜制种技术　7.00元
甘蓝(包菜、圆白菜)栽培技术　2.40元
甘蓝栽培技术(修订版)　9.00元
甘蓝类蔬菜良种引种指导　9.00元
甘蓝类蔬菜周年生产技术　6.50元
南方甘蓝类蔬菜反季节栽培　6.50元
怎样提高甘蓝花椰菜种植效益　7.00元
结球甘蓝花椰菜青花菜栽培技术　3.00元
甘蓝花椰菜保护地栽培　6.00元
甘蓝花椰菜无公害高效栽培　9.00元

绿菜花高效栽培技术 2.50元
白菜类蔬菜良种引种指导 15.00元
白菜甘蓝类蔬菜制种技术 6.50元
白菜甘蓝病虫害防治新技术 3.70元
白菜甘蓝萝卜类蔬菜病虫害诊断与防治原色图谱 23.00元
花椰菜丰产栽培 2.00元
白菜甘蓝花椰菜高效栽培教材 4.00元
菜豆高产栽培 2.90元
菜豆豇豆荷兰豆无公害高效栽培 8.50元
芹菜芫荽无公害高效栽培 8.50元
大白菜菜薹无公害高效栽培 6.50元
芹菜优质高产栽培 5.80元
芹菜保护地栽培 5.50元
水生蔬菜栽培 3.80元
水生蔬菜病虫害防治 3.50元
莲菱芡莼栽培与利用 9.00元
莲藕无公害高效栽培技术问答 9.00元
菠菜莴苣高产栽培 2.40元
莴苣菠菜无公害高效栽培 10.00元
菠菜栽培技术 3.50元
莴苣栽培技术 3.40元
韭菜高效益栽培技术 5.80元
韭菜保护地栽培 4.00元
韭菜葱蒜栽培技术(第二次修订版) 6.00元
韭菜葱蒜病虫害防治技术 4.50元
大蒜高产栽培 7.50元
大蒜栽培与贮藏 4.50元
大蒜韭菜无公害高效栽培 8.50元
洋葱栽培技术(修订版) 7.00元
葱洋葱无公害高效栽培 9.00元
生姜高产栽培(第二次修订版) 7.00元
生姜贮藏与加工 5.50元
萝卜马铃薯生姜保护地栽培 5.00元
山药无公害高效栽培 13.00元
山药栽培新技术 6.00元
怎样提高马铃薯种植效益 6.00元
马铃薯栽培技术(第二版) 7.50元
马铃薯高效栽培技术 6.00元
马铃薯病虫害防治 4.50元
马铃薯芋头山药出口标准与生产技术 10.00元
马铃薯稻田免耕稻草全程覆盖栽培技术 6.50元
马铃薯淀粉生产技术 10.00元
马铃薯脱毒种薯生产与高产栽培 6.00元
马铃薯食品加工技术 10.00元
魔芋栽培与加工利用新